時間はどこで生まれるのか

橋元淳一郎
Hashimoto Junichiro

a pilot of wisdom

目次

エントロピーの法則にもかかわらず時間反転は可能

第六章　主観的時間の創造 ―― 107

第七章　時間の創造は宇宙の創造である ―― 131

付録

第一章　なぜ今、時間論なのか

◊哲学と科学の乖離

今さら時間論でもないと思われるかもしれない。

古今の名著を辿《たど》れば、アリストテレスの『自然学』にも、アウグスティヌスの『告白』にも、カントの『純粋理性批判』にも、時間への深い考察がある。二〇世紀には、マクタガートという哲学者が、「時間は実在しない」という「証明」をした。ハイデガーの『存在と時間』では、時間性が人間（現存在）の存在論的意味だと結論付けられる。

さらに、この半世紀の間に書かれて、現在でも日本語で読める時間論の本は、たぶん何十冊もあるであろう（巻末の参考文献解説参照）。

時間は、研究し尽くされた感がある。

しかし、それにもかかわらず、なるほどそういうことなのかと、目からウロコの落ちるような時間論に出会わないのである。

その最大の理由は、近代以降の哲学と科学の乖離《かいり》にあるのだと思う。

おこがましいことと叱責を受けるのを覚悟でいえば、現代の哲学者が説く時間論は、現代物理学（おもに相対論と量子論）が明らかにした時間の本性をほとんど無視している。すなわち、ニュートン流の絶対空間・絶対時間の考え方に未だに囚われている。

一方、科学者による時間論は、科学の枠から出ることがない。けっして人間的時間に立ち入ろうとしない。要するに、時間はどうして過去から未来へと流れているのだろうか、というような素朴な疑問に答えてくれず、面白くない。

古代ギリシアでは哲学と科学の区別などなかったから、アリストテレスの時間論は、哲学であると同時に、当時の最新科学であったはずである。

カントは、デカルトとニュートンが確立した絶対空間・絶対時間という概念をふまえたうえで、「時間表象はア・プリオリ（先験的）な直観である」という時間論を展開した（余談ながら、カントは独自の宇宙論を唱えた科学者でもある）。

しかし、二〇世紀になって、相対論と量子論という、二つの革命的な物理学が誕生した。相対論と量子論が、それぞれまったく別のアプローチによって、ニュートンの絶対空間・絶対時間を否定したことは、それらの誕生から一〇〇年も経過した現在では、ほとんど常識的な事実であるにもかかわらず、未だに哲学者が説く時間論の中に、こうした事実が盛り込まれないのは、どうしてなのだろうか。

たとえば、「時間論」というものが単独で取り上げられるのはおかしいのである。たしかに、時間は空間と比べてとても奇妙に見える。「空間論」という哲学をあまり聞いたことがないのは、時間に比べて空間が自明のもののように見えるからであろう。

しかし、相対論が明らかにした「事実」は、空間と時間は互いに変換可能だというものである。つまり、空間もまた時間と同様、奇妙なものであって、それらはまとめて「時空論」として論じられなければならないはずのものなのである。

これは一例にすぎない。

ぼくが渇望していることは、こうした現代物理学をふまえたうえでの、斬新な哲学的時間論の登場である。本書は、そのような著作が現れてくれることを期待し、そのささやかな呼び水にでもなればと意図したものである。

だから、今さら時間論ではなく、今こそ時間論（正確には時空論）なのである。

◇紫外線は何色？

始まりから、時間とは関係のない話で、じれったく思われるかもしれないが、時間の本性を理解するための格好の喩えとして、まずは色と温度の話をしておきたい。

色、温度、時間——この三つの概念に共通なことは、どれもわれわれの生活に身近な概念であると同時に、物理学で扱われるれっきとした物理量（すなわち数値的な測定が可能）だという点である。

かつては、色も温度も、時間と同様に、その本性は何かと問われた時代があった。しかし、それらの物理的正体は、一九世紀末にはほとんど解明されてしまった。

それは、原子というものが実在すると証明されたことと密接な関係がある。古代ギリシアのデモクリトスの原子論は観念的なものでしかなかったが、一九世紀初めにイギリスの物理学者ドルトンによって仮設的に提唱された原子[★1]は、数々の実験を経て、実在のものと証明されたのである（哲学的にいえば、むろん、実在といえないかもしれない。しかし、その点についても、現代物理学は哲学顔負けの鋭い考察を加えている）。

さて、面白いことには、こうして存在が実証された原子のレベルまでいくと、色と温度という概念は消滅してしまうのである。一個の原子は何色かとか、その原子は熱いか冷たいか、などと問うことは無意味なのである。

温度については、後述しよう。とりあえず色である。

モンシロチョウには、紫外線（の一部）が見える。

モンシロチョウの羽は、われわれが見るとただの白であるが、雌のモンシロチョウは雄の羽に色模様を見る。なぜなら、モンシロチョウは（人間と違って）紫外線を見ることができ、その目で見た羽の色はのっぺりした白ではないのである。

それでは、モンシロチョウが見る紫外線の色は、何色なのだろう？

もちろん、われわれはそれに答えることができない。人間にとって本来、そんな色は存在しないからである。

われわれが色として感じることができる電磁波の範囲は、きわめて限られたもので、それゆえ、色として認識できない電磁波を、赤外線とか紫外線とか呼ぶわけである。

これは、色というものが、人間の感覚器官と脳で創られた概念であって、物理的実在ではないことを意味する。それゆえ、色について研究しようと思えば、生物としての人間、神経細胞としての脳、個人や社会集団と色との関わりなど、物理学では覆い切れない事柄を考察の対象にしなければならない。

赤という色は、波長がおよそ七〇〇ナノメートル（ナノ＝一〇億分の一）の電磁波が、人間の網膜中の視細胞を刺激し、それを脳が感じ取る「現象」である。これが、赤という色についての物理学的説明である。

それに対して、人間が赤という色を見て何を感じるかということは、血の色、夕陽の色、燃える炎などの経験抜きに語ることはできない。これは赤という色についての生物学的・心理学的・社会学的――ひと言でいえば人間的考察である。

色の哲学が流行らないのは、色についての右のような物理学的説明と人間的考察に、何の矛盾もなく、明快な答が用意されているからである。いわば解決済みの哲学的課題といっていいだろう。

時間という概念も本来、色と同じようなものなのである。すなわち、物理学的時間と人間的時間が存在する。

ところが、この二つの時間の境界が、きわめて複雑なことになっているため、さまざまな誤解が生じているのである。

たとえば、われわれは「今」という瞬間を生きているが、この「今」という瞬間は、自分の心の中にあると同時に、この宇宙全体が「今」という瞬間にあるのだと何となく信じている。

しかし、これは明らかに間違いである。自分が感じている「今」という瞬間は、人間的時間である。それに対して、この宇宙全体に「今」という物理的時間など存在しない（ニュートンの絶対時間はそう主張するのだが、相対論はそれを明快に否定する。これについては、第二章で説明する）。

本書の目的は、物理学的時間と人間的時間の違いを明確にし、時間の向きや流れはどこから生まれるのか、また過去は変えることができない確定したものであるのに、未来はなぜ未知であるのかというような、時間のもっとも興味深い謎を解こうということにある。

◇ミクロの世界に温度は存在しない

色より、もっと時間によく似た概念に、温度がある。

温度は、熱い・冷たいという人間的感覚から生まれたものであることはいうまでもない。そして、この熱い・冷たいという人間的感覚以外に、直接、温度を測定できるものは何もないのである。

現在の気温が摂氏二〇度であるというとき、われわれはそれをどうやって知るのかを考えてみよう。

摂氏二〇度であることは温度計の目盛で知るのだが、その目盛が指し示す位置にあるのは、水銀（あるいはアルコールなど）の表面である。気温が摂氏二〇度から三〇度に上昇すると、水銀の表面がその目盛の位置まで移動していく。すなわち、温度計のガラス容器の中に入っている水銀が膨張する、その膨張率を測っているわけである。
つまりわれわれは、物質は温まると膨張し、冷えると収縮するという経験的事実を利用して、温度を数値化しているにすぎない。*

ところで、温度そのものは、摂氏二〇度の空気や、温度計の中の水銀のどこに潜んでいるのだろうか。

一八世紀から一九世紀にかけて、温度の正体は何かということが物理学の大問題であった。初めのうちは、熱素という熱をもった原子のようなものが存在し、それがたくさん含まれている物質は熱く、少ないと冷たいのだと考えられていた。しかしやがて、さまざまな実験を経て、熱素の存在は否定され、温度とは、原子や分子の大集団がもっている乱雑な運動エネルギーだということが明らかになった。**

---

* 現在では、他の物理的原理にしたがうさまざまな温度計が考案されているが、熱い・冷たいを直接測っていないという点では、みな同じである。

** 温度には、別の熱力学的定義があるが、本筋とは関係のないことなので略す。また、原子と分子の違いを述べることも、本書の主旨ではないので、今後はまとめて原子という表現にしておく。

ここでのポイントは、「大集団」と「乱雑な」という二つの言葉である。

一個のボールが飛んでいるとき、それは運動エネルギーをもっているが、それは大集団でもなければ乱雑でもない。それゆえ、そのボールがもっている運動エネルギーは温度とは無縁である。

まったく同じ理屈で、一個の原子は運動エネルギーをもっているが、それを温度とは呼ばない。実際、一個の原子が自分の皮膚にぶつかっても、人は熱いとも冷たいとも感じない。熱い・冷たいという感覚が生じるためには、原子がたくさん皮膚にぶつからなければならない（少なくとも、感覚細胞を刺激できるほどに）。さらに、その原子の大集団が、ほとんど同じ方向に飛んでいれば、われわれはそれを風と感じ、熱いとか冷たいなどとは感じない。つまり、原子の動きは乱雑でなければならない。

この乱雑な動きが非常に激しいとき、われわれの皮膚細胞は激しく揺さぶられ、それを脳は熱いと理解するのである。

よって、一個の原子の温度などというものを考えることはできない。原子一個一個が見えるような世界をミクロ、われわれの日常的スケールの世界をマクロと呼ぶならば、温度とはマクロな世界にだけ存在する概念で、ミクロな世界にはないのである。あるのは原子の運動だけである。

◇時間は温度と似ている

時間は、もちろん温度とはまったく異なる物理量であるが、その性質はかなり温度に似ている。

まず、われわれは時間を感じることができる。たとえば、食事をした直後はおなかがいっぱいであるが、おなかが減ってくると、時間が経過したのだなとわかるという具合に。

しかし、それ以外に時間を直接測る方法はない。

われわれが、何時何分何秒という数値として時間を測定するときには、必ず時計を用いなければならないが、時計は時間そのものではなく単なる物質である。秒針が円周上を六〇分の一進めば、一秒が経過したということになるが、これは温度計の目盛が一つ上がれば、摂氏一度だけ温度が高くなったというのと、まったく同じである。

時間論の本には、よく、「時間は直接測ることができない不思議なものである」などということが書かれているが、実はこれは時間に限ったことではなく、ほとんどの物理量がそうなのである。

何かを直接測るということは、われわれが感覚として直接経験するということである。それに対して、物理学に登場する物理量は、温度計や時計といった間接的な装置で測るしかないのである（このことは量子力学における観測問題という「哲学的」課題に結び付いていく）。

さて、温度はミクロの世界では存在しないものであるが、時間はどうであろうか？

もちろん、話はそれほど自明ではない（だからこそ、時間論が面白いのである）。

以上をまとめて、本書の時間論の出発点となる一つの重要な命題を提起しておこう。

「ミクロの世界に時間というものが仮にあるとしても、マクロの世界における時間と、ミクロの世界における時間は、同一のものではない。また、マクロの世界においても、物理学的時間と人間（生命）が感じる時間は、同一のものではない」

右の命題の真偽は、これから検討していくことである。重要なことは、ミクロの世界とマクロの世界の時間、さらには人間が感じる時間が、どれも同じである必要はないという可能性を認めることである。

どうしてそういえるかは、色と温度の話で明らかだろう。さまざまな物理量は、元をただせば人間の感覚に発しているが、それらがミクロの世界に存在するという保証は何もないのである。

先走ったことをいえば、われわれが自明と思っている、モノの存在する「位置」や、モノの「速さ」といったものでさえ、ミクロの世界では消滅していくのである（量子力学が正しければ、そういうことになる）。

こうしたことは、ここ百数十年の間に物理学が明らかにしてきたことだが、これは素晴らしい哲学的進歩ではなかろうか。

古代ギリシアの時間論は、当時の最新科学でもあった。だから、現代の時間論もまた、現代の科学的知識を前提として議論すべきなのである。

◊マクタガートの時間系列

本書はいわゆる哲学書ではないから、人間的時間と物理学的時間の厳密な定義などというものは、設定しない。ごく常識的に捉えておいて頂ければよい。しかし、頭の整理のためには、時間というものの捉え方を分類しておくことは役に立つであろう。

そのために、哲学者マクタガートが用いた、時間のA系列、B系列、C系列という考え方を借用することにしよう。*

A系列の時間とは、常に「現在」という視点に依存する時間のことをいう。生きている自分にとって、時間はいつも「今現在」である。このような時間がA系列である。すなわち、これは主観的な時間であって、われわれが日常的に感じているのは、このような時間しかないわけだから、これは前述の人間的時間と同じと見なしてよいだろう。

次にB系列の時間とは、歴史年表のような客観的な時間である。座標軸上に何年何月何日と刻まれ、それが過去から未来に向かって順番に並んでいる時間である。

B系列の時間は、前述の物理学的時間に対応しているが、それは物理学的時間の一部でしかないことに注意しておこう。というのも、現代物理学が明らかにしている時間は、単純にB系列とは分類できないような性質をもっているからである。

具体的にいうと、デカルトやニュートンが考えたような客観的時間はまさにB系列であるが、相対論や量子論が明らかにした時間は、単純に座標軸に刻むことができないのである。それゆえ、それらの時間はB′系列、B″系列などと分類しなければならないであろう。

ここに、旧来の時間論が見落としており、ときには誤りに陥っている部分があるのである。

さらにマクタガートは、C系列というものも考えている。C系列は、もはや時間とは呼べない。それはただの配列のことである。

簡単な例で述べれば、ある月のカレンダー上の1、2、3……という数字の並びは、B系列である。というのも、この数字は一日、二日、三日……を意味しており、一日には市場に買い物に行き、二日には買ってきた素材で料理を作り、三日には食中《あた》りにあって腹を下した……などという時間の経過が含まれているからである。

次に、無味乾燥な数列、1、2、3……を考えてみよう。この数字の並びはカレンダーの日付と見かけは同じであるが、時間の流れを表すものではない。たとえば、1――秋田さん、2――石川さん、3――岡山さん……などというのは、単なる名簿であって、それらの数字の間に、時間的な順序関係は何もない。このような時間とは関係のない単なる配列を、C系列と呼ぶのである。

ところで、マクタガートが哲学的に導いた結論はなかなか面白いものなので、簡単に紹介しておこう。その大意は、

＊ マクタガートの時間論については、入不二基義著『時間は実在するか』に詳しい。巻末の参考文献解説⑨を参照されたし。

A系列の時間も、B系列の時間も、実在しない。しかし、C系列は実在する可能性がある。というものである。C系列は、先に見たようにわれわれが時間と呼ぶものではないから、結局、マクタガートの結論は、「時間は実在しない」ということなのである。

本書は、マクタガートの時間論を論じるものではないから、彼がなぜこのような結論を導き出したのかということには言及しないが、実は（導き出す方法はまったく違うにもかかわらず）本書の結論もまたこれに似たようなことになるのである。

時間が実在しない、などというのはとんでもない詭弁《きべん》に聞こえるかもしれないが、現代の物理学者の中には、そういう考え方に立つ人がけっこういるのである（たとえば、ジョン・ホイーラー）★2。というのも、現代物理学が明らかにしたこの宇宙の仕組みというものを突き詰めていくと、どうしてもそのような結論にならざるをえなくなるからである。

ただ科学全盛のこの時代にあって、一流の物理学者というのは忙しいものだから、時間の非実在性などということを一般の人にわかる言葉で説明している暇がないのである。そんな面倒なことをしているより、もっと最先端の研究を進めてノーベル賞でも狙った方が、学界での評価も上がろうというものである。哲学の世界とは違い、時間論は最前線で活躍する物理学者が興味をもつようなテーマではないのである。

さて、前置きはこれくらいにして、次章から現代物理学が明らかにした時間の性質について見ていくことにしよう。まずは相対論である。

(続く第二、三、四、五章は、ある意味で現代物理学の解説である。それゆえ、しち面倒な記述だと思われるかもしれない。その場合には、適当に読み飛ばして頂いて結構である。しかし、本書の結論である第六、七章を導くためには、そのような現代物理学の基礎知識が必須なのだということは、あえて強調しておきたい。)

第二章　相対論的時間と時間性

◇座標系と時空図

デカルトが発明した座標系は、時間や空間をイメージ化できるという点でたいへん便利なので、本書でもしばしば使うことになる。数学的なグラフは苦手という人のために、ちょっとウォーミング・アップをしておこう。

まず、左の図のように座標系で空間を表してみる。

われわれの住んでいる空間は、縦、横、高さの三次元であるが、立体的な空間を紙の上に描くのは難しいので、二次元空間を描いてみる。具体的には、道路地図をイメージすればよい。A点は自宅で、B点は目的地のレストランといった具合である。

次に時間軸を加え、時空の（要するに時間と空間を合わせた）図（時空図）を作ってみよう。これも見やすくするために、空間を二次元からさらに一次元に下げてしまう（そのようにしても、本質は変わらないはずである）。

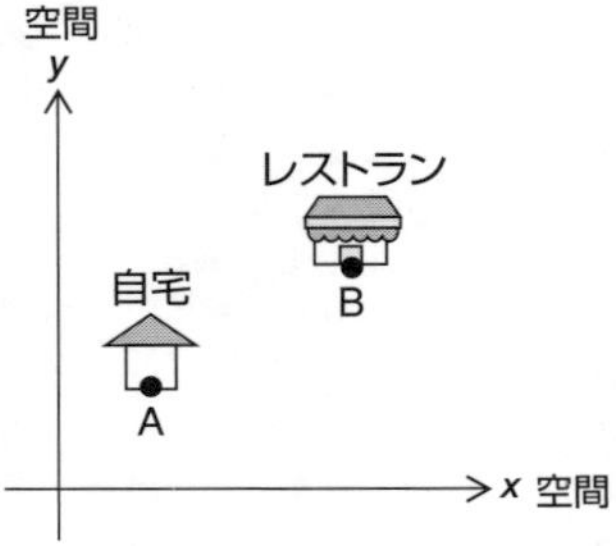

二次元空間図—すなわち地図である

そうすると、左の図のようになる。

この図は、前ページの図の記号yを記号tに変えただけで、数学的には同じものであるが、yは距離でありtは時間だから、物理的にはまったく違うことを表している。

たとえば、グラフ上のA点とB点を結ぶ直線が何を意味するかを考えてみよう。A点は自宅、B点はレストランというのは、前ページの図と同じである。しかし、この図はもはや単なる地図ではない。なぜなら、A点はある時刻——たとえばある日の正午——の自宅であり、B点は、その日の午後一時のレストランである。

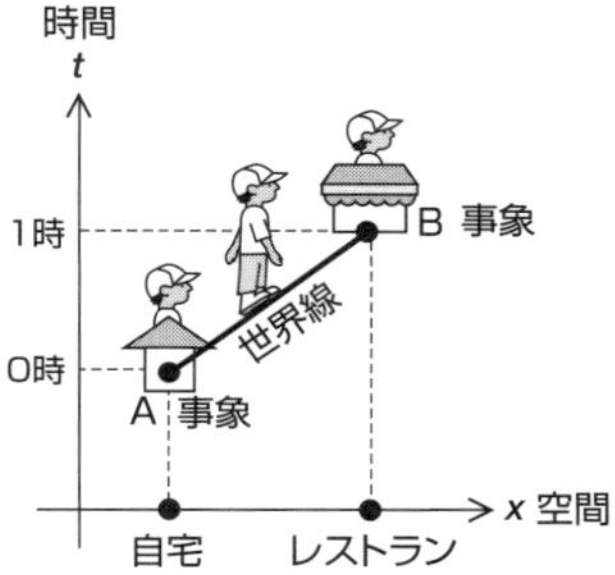

時空図—「事象」と「世界線」

つまり、A点とB点を結ぶ直線は、正午に自宅を出て、午後一時にレストランに到着するという「私」の動きを表している。

ちょっと堅苦しい表現ではあるが、ここで相対論の用語を二つ覚えておこう。

A点やB点といった時空図上の点を、「事象」という。これは、「正午に私は自宅にいる」とか「午後一時に私はレストランに着いた」という出来事を表しているからである。もっとイメージの湧く言い方をすれば、「その日の午後一時、そのレストランで殺人事件が起こる」などということを想像すればよい（すなわち、事象とは事件のことである）。

さて、A点とB点を結ぶ直線は、私が自宅からレストランまで移動していく刻々の事象をつないだものだが、これを私の「世界線」と呼ぶ。「私」のところは、「犯人」としてもよいし「一個のニュートリノ」としてもよい。もちろん蛇足ながら、世界線は直線ではなく曲線になることもある。

要するに、この世界は時間と空間からできており、すべてのモノの動きは時空図上の直線なり曲線で表せる。これを世界線と呼ぶわけである。

さて、もうお気づきのことと思うが、この時空図で話題にしている時間は、けっしてA系列の時間ではない。

それどころか、B系列でもないかもしれないのである。

なぜなら、ここでは時間は空間と同じように扱われているからである。x軸は紙の上、すなわち実際の空間に引かれているからこれでよい。ところが、時間軸であるt軸もまた紙の上（すなわち空間上）に引かれているのだから、この時空図は時間を空間化してしまっている。

つまり時空図上の事象や世界線は、変化する余地のないすでに描かれた図形であるから、単なる配列、すなわちC系列と見なすことができるのである。

しかし、B系列かC系列かという議論は、ここではおいておこう。少なくともはっきりしていることは、時空図上の時間は、人間的時間ではなく物理学的時間であるということである。

◇空間は虚である

前項で紹介した時空図は、時間と空間を対等に扱っている。しかし、われわれが経験する時間と空間はまったく異質なものであるから、この時空図は便宜的なもので、どう考えても時間の本質が描かれているとは思えない。

そもそもニュートン力学では、時間と空間は独立に存在するものだから、時間と空間を一つの座標系の中に描くという操作は、本質的なものではなく便宜的なものであるに決まっているのである。

ところが、相対論は、ニュートン力学の絶対空間・絶対時間という考え方が間違いであることを示し、時間と空間は独立したものではなく、密接に絡み合ったものであるということを明らかにした。

それゆえ、相対論では空間と時間を同じ座標系の上に表示することは、便宜的ではなく、むしろ必然的なものなのである（もちろん、図で表示するのは一つの方法であり、純粋に論理的な数学的形式で表すことも可能である）。

それでは、相対論における空間と時間の関係はどのようなものなのか。それはひと言でいえば、「実数と虚数★3」の関係にあるといえる。

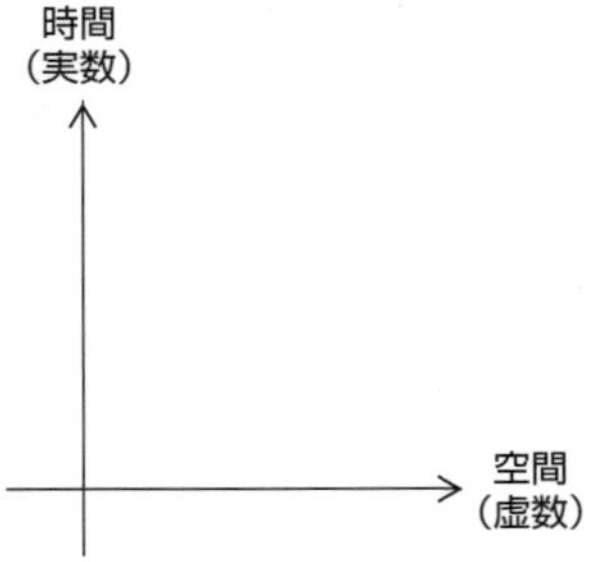

時間は実数、空間は虚数

つまり座標系で描くときには、片方が実数軸、片方が虚数軸になる。さらにいうなら、「時間は実数、空間は虚数」なのである（数学的には、実数と虚数を逆にしても同じことであり、そのように解説した本も多いが、人間的時間との関連を説明するには、本書の立場の方がより適切なように思われる）。

空間が虚数である、などということはとうてい信じがたいことである。われわれはものの長さを一メートル、二メートルというように巻尺で測ることができるが、この一や二という数値は、いうまでもなく実数である。この目に見えている世界に、虚数などというものが入り込む余地はありえない——と反論したくなるであろう。

しかし、それは錯覚なのである。

なぜ、時間が実数で空間が虚数なのか。それを直観的に納得できる方法で説明しよう。*

相対論では、時間と空間は絶対的なものではなくなるが、その代わりに、（真空中の）光の速さが絶対的な物理量として登場する（それは論理的に証明されることではなく、あらゆる実験事実がそう告げているのである。川の水は必ず低い方へ流れる、というのと同じくらい確か

* 念のために補足しておくが、時間が実数で空間が虚数という考え方は、物理学では自明のことであり、相対論の入門書の最初の方に述べられていることである（ちなみに、このような時空は、ミンコフスキー空間★4と呼ばれている。巻末付録1参照）。ところが物理学者は、現実の時間の不思議などということとは無関係に相対論を扱っているために、空間が虚数であるということに何の抵抗も感じないのである。あたかも、銀行員が一億円という現金を前にして無感動であるのと同じである。一方、一般の人や哲学者は、相対論的事実など物理学者の頭の中にあるもので、人間世界はもっと別の原理で動いていると暗黙のうちに思っているので、空間が虚数だという事実を見ようとしないのではないだろうか。それが証拠に、空間は虚数、時間は実数という前提で書かれた哲学的時間論の本を見たことがない。

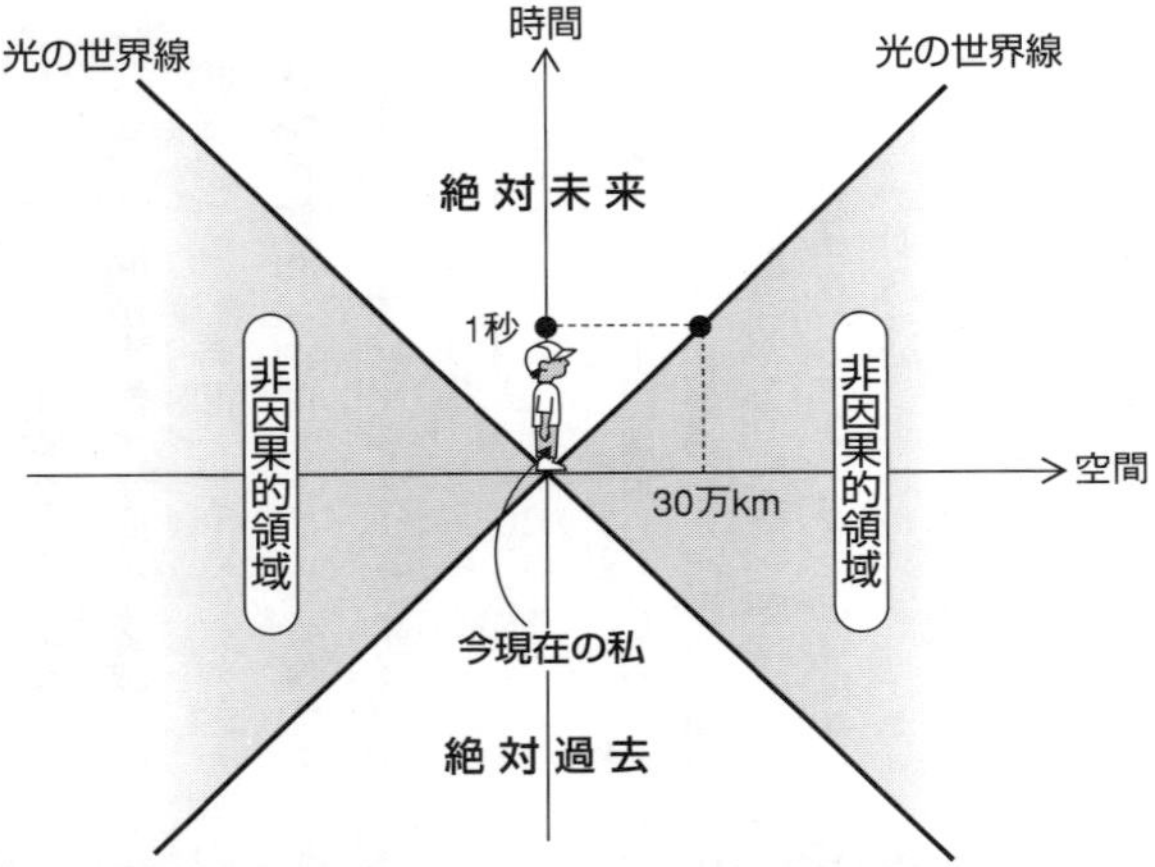

私と「現在」を共有するのは、「あの世」(非因果的領域)である

な事実である)。

そこで、光の世界線を図に表してみよう。光は真空中では常に秒速三〇万キロメートルで動くので、その世界線は上の図のように直線となる。

図では、光の世界線が四五度の角度で描かれているが、この傾きは、空間軸と時間軸の目盛をどのように取るかで決まる便宜的なものである。光の速さは秒速三〇万キロメートルなので、物理学では習慣上、一秒に対して三〇万キロメートルを対応させることにしている(日常感覚とはかけ離れているが)。

さて、相対論では時空図を三つの領域に分ける。

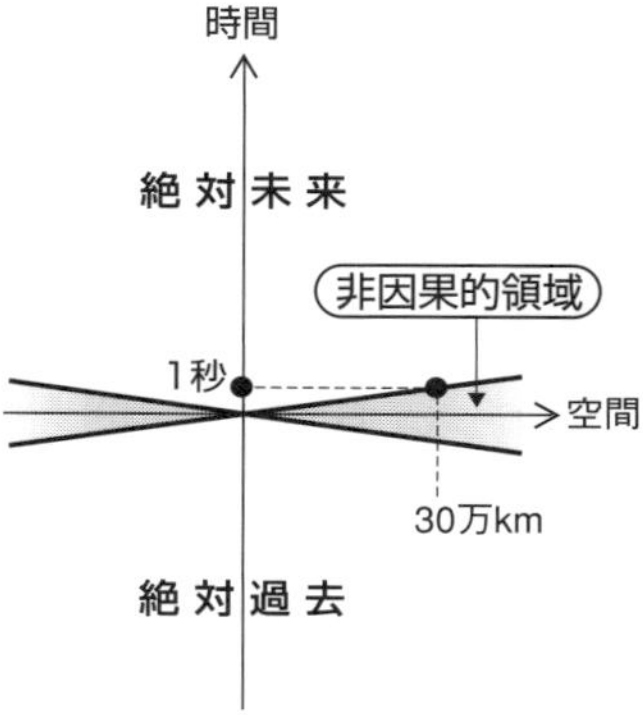

日常生活においては非因果的領域に気づかない

われわれの常識からいうと（そしてまたニュートン力学の考え方では）、この世界は現在という瞬間を境にして、過去と未来しかない。ところが、相対論では、過去と未来以外に、光の世界線を境にした非因果的領域という部分が現れてくるのである。*

　非因果的領域の意味することは、そのような領域にある事象は、けっして今現在の私

＊　右の図のように、座標軸の目盛を日常感覚に合わせて、たとえば一秒に一メートルを対応させると、光の世界線の傾きはほとんど〇度になって、空間軸と区別が付かなくなり、非因果的領域はきわめて狭い領域に押し込まれてしまう。

　それゆえ、われわれはそのような奇妙な領域が存在することを、長い間、知らないできたのである。日常生活では、そのような領域の存在を無視してもなんら困らない。しかし、時間の本質を考えようというときに、過去でも未来でも現在でもない領域が存在することを、われわれの日常感覚で捉えられないからといって、無視するわけにはいかないであろう。

（座標の原点）と因果関係をもてないということである（因果関係をもつためには、光速を超える情報伝達手段が必要である）。その領域にある事象は、今現在の私にとって、過去でもないし未来でもない。ある意味で、存在しない世界といっていいのである。比喩的にいえば、「あの世」である。

今現在の私に影響を及ぼすことができる領域は、前ページの図の絶対過去と書かれた（円錐）領域だけである。そしてまた、今現在の私が影響を及ぼすことができる領域は、図の絶対未来と書かれた（円錐）領域だけである。

ここに時間の本質が如実に現れている。今現在の私は、（現在の他者によってではなく）過去の他者によって規制されているのであり、今現在の私は、（現在の他者ではなく）未来の他者しか規制できないのである。*

そこで、わかりやすくいえば、今現在の私が関わっている世界は、三二ページの図の上下の（円錐）領域の中にあり、左右の領域はいわば「あの世」である。すなわち、上下に延びた時間軸が「実」であり、左右に延びた空間軸が「虚」である意味が、これで明らかになるであろう。今現在を共有していると思っている私以外の他の場所は、実は虚なのである。

それでは、われわれはなぜ定規でもって空間を一メートル、二メートルと実数で測ることができるのだろう？

その答は、われわれのそのような行為は、時間性の中でしかおこなえないということである。つまり、異なる二つの場所を測る行為は、瞬時には不可能であり、わずかではあっても時間が経過しているということなのである。

われわれが時間性の中で生きているということは、ある意味、人間的・哲学的な事柄である。しかし、物理学的にいえば、ニュートン力学では何の必然性もない時間性の概念が、相対論で

＊ もし、ニュートン力学の絶対時間という考えが正しいとするると、今現在の私は、どこか遠くの（近くてもよい）現在からも規制されうるし、今現在の私は、どこか遠くの（近くてもよい）現在をも規制しうることになる。このような世界では、過去→現在→未来という、いわゆる時間性というものがなぜ生じるのかを説明しにくい（ただし、相対論もまた、なぜ「過去→現在→未来」であって、「未来→現在→過去」でないのか、という説明はしてくれない。つまり、結論をいってしまえば、相対論における時間はマクタガートのC系列である）。

万有引力や電磁気現象、さらには作用・反作用の法則などが、どんなに遠くにあるものにも瞬時に伝わる遠隔力であるかのように記述された本があるが（巻末の参考文献解説⑩参照）、これは明らかに誤解である。現代物理学は、あらゆる相互作用は光速以上では伝播しないことを明らかにしている。

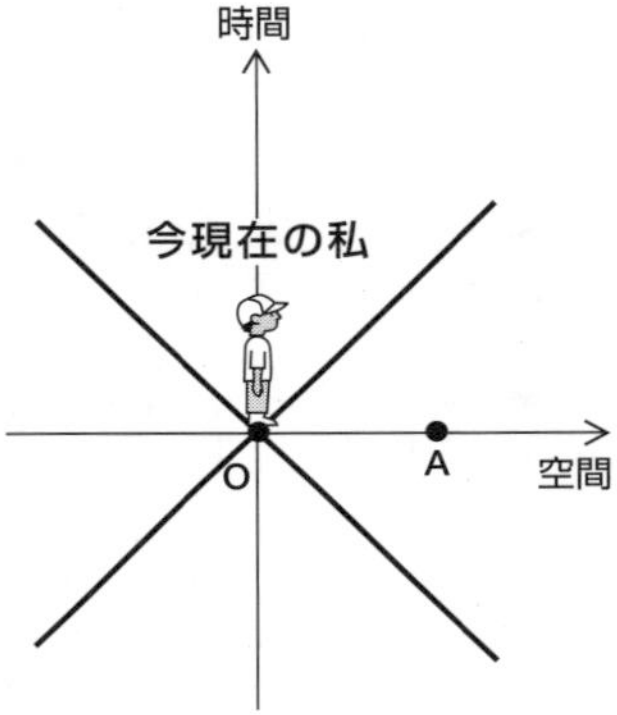

事象Aは「現在」($t=0$)のように見えるが…

は本質的概念として浮かび上がってくるのである（もちろん、相対論ですべてが説明できるわけではない。たとえば第三章で、われわれはまったく別種の量子論的時間を見ることになるだろう）。

◇今という瞬間は誰とも共有できない

前項の説明で、非因果的領域というのは、単に因果関係がもてないというだけのことであって、そのような領域にも、私と同じ時間が流れているのではないかと思われた方もおられるであろう。

たとえば、原点Oに今現在の私がいて、そこから右に空間軸を辿ったある点の事象Aを考える。

この事象Aは、たしかに、今現在の私に何の因果関係ももちえないが、存在することは事実である。そして、今の私の時刻が午後一時なら、その事象Aの時刻もまた午後一時のはずではなかろうか（なぜなら、事象Aも今現在の私も、同じ空間軸上〈時刻$t=0$〉にあるのだから）。

ところが、相対論が正しいとすると、そうではないのである。

相対論の原理を説明するのは本書の主意ではないが、その理由を簡単に述べておこう。すでに紹介したように、相対論の土台は、別々の運動をしている誰から見ても光の速さが同じ、という実験的事実である。しかし、これは非常に奇妙なことである。

たとえば、高速道路を時速一〇〇キロで走る車があったとしよう。この時速一〇〇キロという速さは、歩道橋の上に立っている人から見た速さである。同じ高速道路を同じ方向に、時速七〇キロで走っている車から最初の車を見ると、時速三〇キロに見えるはずである。

要するに、ものが動く速さは、それを見る人の動き方次第で変わるわけである。

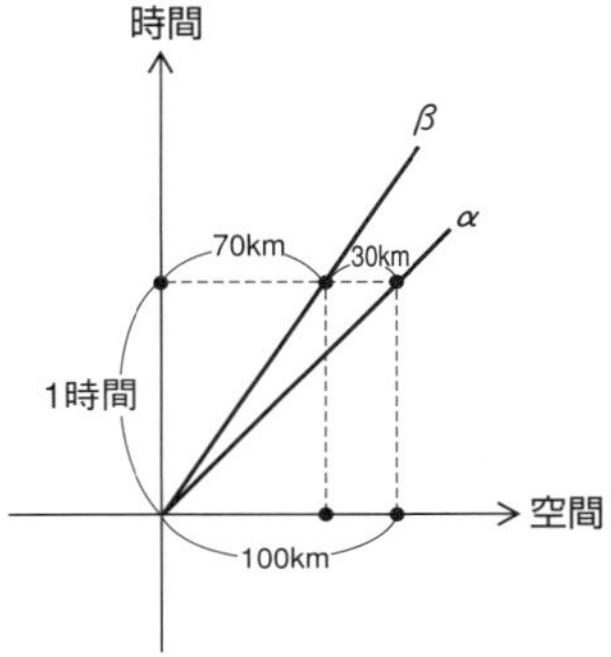

βから見るとαは時速30kmに見える（相対速度）

そのことを図に表すと、上の図のようになる（グラフの苦手な方、今しばらく頑張って頂きたい。これが、数式を使わずに相対論を理解するもっとも手っ取り早い方法なのである）。

私は歩道橋の上に立っているとする。それに対して、時速一〇〇キロで走る車の世界線は、図のαである。それに対して、時速七〇キロで走る車の世界線は、図のβである。ここで、なぜ時速七

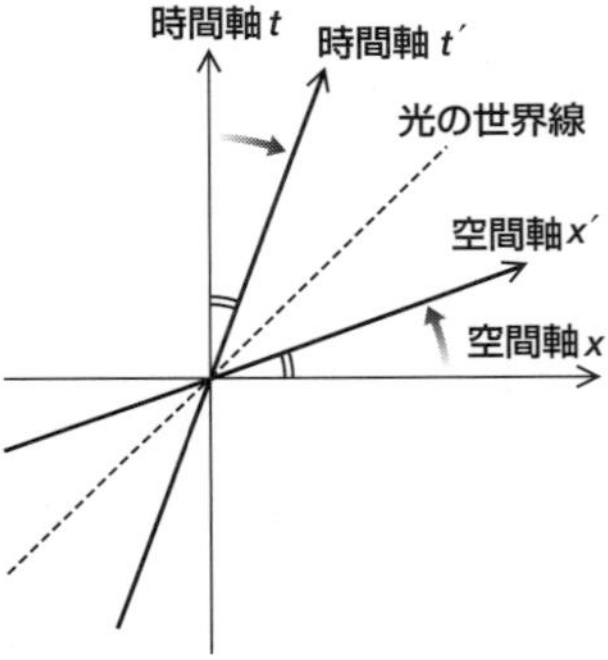

光の世界線を中心にして、時間軸が傾くと、空間軸も傾いてしまう

〇キロの車から見ると、時速一〇〇キロの車が時速三〇キロに見えるかといえば、βの世界線から測ると、αの世界線までの距離が（私の世界線——すなわち縦軸〈時間軸〉から測る距離より）短くなるからである。

　つまり時速七〇キロの車の人にとっては、図の世界線βが（いつも自分はそこにいるのだから）縦軸（時間軸）だと考えればよい。

　しかし、この考え方をそのまま適用しようとすると、光の速さもまた、動く人から見れば必ず変わってくることになる。

　ところが、実際の観測では光の速さは不変である。

　このパラドックスを、アインシュタインは、誰も思いも付かないような方法で解いた。すなわち、動いている人の座標系は、時間軸だけではなく空間軸も傾くのである（tがt'へと傾くのと同じに、空間軸もxからx'へと傾くのである）。

　空間軸を、時間軸と同じ角度だけ（対称的に）傾けると、光の世界線は二つの座標軸の中央に不変に位置することになる。このような、時間軸も空間軸も傾いた座標系から見ると、光の速さは、止まっている人が見る速さと同じになるのである。

ところが、その「代償」として、動いている人にとっての時間は、静止した人の時間とは異なったものとなる。

たとえば、左の図において、事象Aは今現在の私にとっては、今現在起こっている事象であるが（ただし、非因果的領域にあるので、確認のしようはない）、私に対して事象Aの方向に動いている人αから見ると、過去のことである。

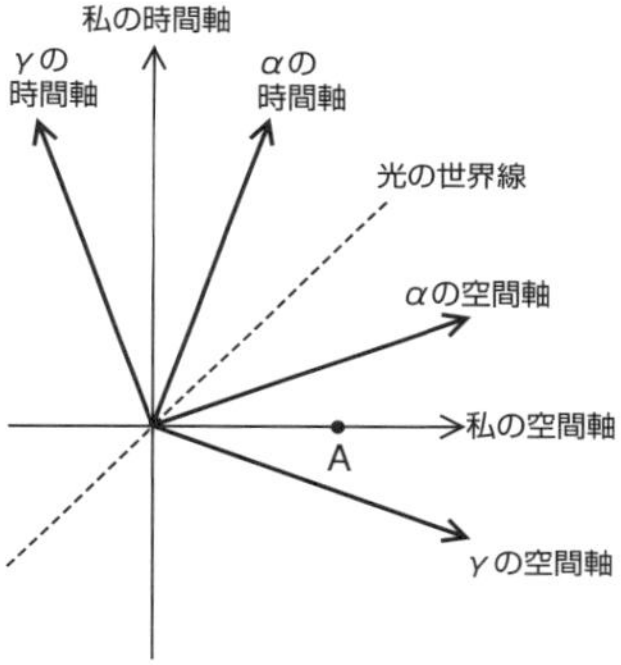

事象Aは私にとっては「現在」だが、αにとっては「過去」、γにとっては「未来」である

あるいは、私に対してαとは逆向きに動いている人γから見ると、未来のことである。

ここで重要なことは、このような時間の食い違いは、けっして見かけ上のものではないということである。ある人にとっての過去が、別の人にとっては未来であるなどということは、ありえないと思う人は、未だ絶対時間という亡霊に取り憑《つ》かれているのである。

われわれは、自分自身が時間の流れの中に

いると感じている。そして、自分が感じているのと同じ時間を、他者もまた感じていると思っている。しかし、それは錯覚なのである。自分が感じている時間は、自分だけのものであり、他者が感じている時間は（自分の時間とある関係で結ばれてはいるけれど）、他者のものなのである。

人間的時間と物理学的時間は、もちろん別のものである。しかし、人間的時間を探究しようとするときも、これまでに述べてきたような物理学的事実を無視して、正しい結論を得ることはできないはずである。

重要なことなので、もう一度強調しておこう。他者と共通の「今」は、存在しないのである。

◇「今」は時間性の中に拡がりをもっている

時間の探究を、観念的な議論だけでおこなうと、しばしば無意味な陥穽《かんせい》に陥ることになる。たとえば、時間を過去・現在・未来に分類したとき、現在というのは過去と未来をつなぐ一瞬であるが、この一瞬は点状のものだから、現在は存在しないのである――などといういささか稚拙な議論などである。

われわれが感じる一瞬は、点状のものではありえないことを、相対論の時空図で説明してみよう。

例の、絶対未来・絶対過去・非因果的領域の時空図をもう一度、見てみる。

この図の原点は、今現在、ここにいる私のはずであるが、空間的に見たとき、私はどう考えても点状の存在ではない。私の身体は、少なくとも一メートル以上の長さがある。仮に意識は脳だけにあると見なしても、一〇センチメートル程度の拡がりをもっている。

それゆえ、たとえば、右脳にある一つの脳細胞と左脳にある一つの脳細胞は、物理学的時間を共有していない。

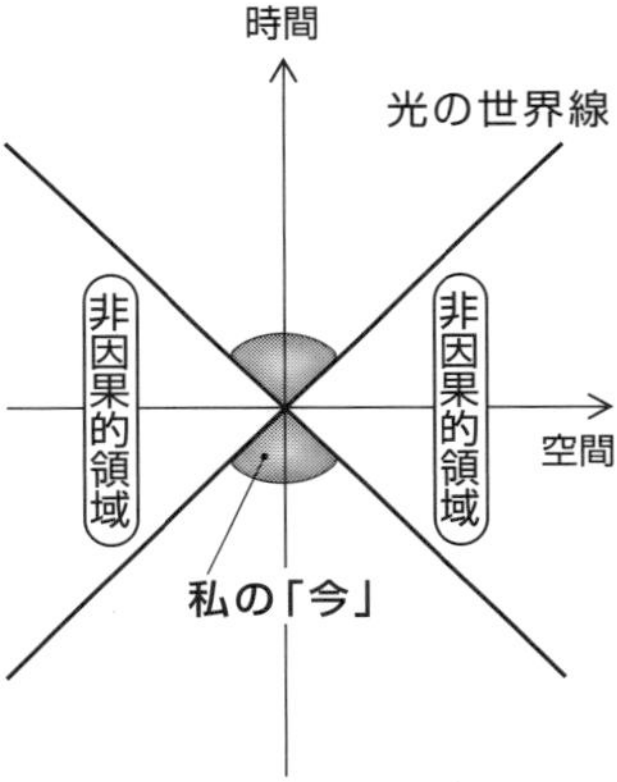

私が意識する「今」は、過去と未来に拡がりをもっている

これをもっとわかりやすくいえば、一つの脳細胞から別の脳細胞へ、情報なりパルスなりが伝播するのは瞬時ではなく、ある時間がかかるということである。

われわれが何かを見たり聞いたり感じたりする感覚は、すべて脳細胞間の電気的・化学的パルスの伝達によって可能なのだとすれば、われわれが一瞬だと感じている時間は、物理的にはけっして点状のものではなく有限の拡がりをもったものだということである。もっとも、この種の議論は、相対論をもち出すまでもないことであろう。

◇人間的時間と物理学的時間

以上のことからわかることは、相対論（やニュートン力学）では、文字通りある瞬間という点状の時間を考えることができるが、それは数学的概念であって、われわれが感覚的に感じる一瞬という時間と同じものではないということである。われわれの意識というのは、空間的にも時間的にも拡がりをもったものであることは明らかである。*

いずれにしても、ここで再確認しておきたいことは、われわれが感覚的に感じる人間的時間と、物理学で議論される物理学的時間を混同してはならないということである。この後さらに見ていくことになるのだが、人間あるいは生命というレベルを離れて、この世界の物質的構造を云々するとき、そこでは人間的時間（A系列）が消滅するのは当然として、さらにはB系列の時間さえ、その存在が危うくなるのである。しかし、もしそうであったとしても、それは不思議でも何でもない。第一章で見たように、色や温度という概念が、ミクロの世界では消滅するのとまったく同じことだからである。

本書では深く追究しないが、実在とは何かということを考えるとき、時間や空間の存在さえ否定されることは明らかなように思われる。カントは、真の実在である「物自体」は人間の理性では解き明かせないと言ったが、まさにその通りであって、物理学や哲学が神のように万能であるはずはないのである。

しかし、それでは人間的時間と物理学的時間は、まったく別個の独立したものかというと、そうではあるまい。われわれは、物理学や哲学がすべてを解き明かしてくれるとは思っていないが、そうした理性的・知的探究によって、われわれが感覚的に不思議だと思っている現象が少しでも解き明かされることを期待しているのである。

第三章では、量子論が明らかにする、より不可思議なミクロの時間を見ていくことにしよう。

＊ ここで「数学的概念」と書き、「物理学的概念」としなかった理由は、量子力学では点状の時間という概念が通用しなくなるからである。それについては、第三章で考察することにしよう。

第三章　量子論における時間の非実在性

◇否定されるニュートンの力学的世界観

デカルトやニュートンによって創られた、いわゆる力学的世界観は、一八世紀から一九世紀にかけてヨーロッパの理性的精神に圧倒的な影響を及ぼした。もちろん、ライプニッツやスピノザに始まる批判勢力もあったわけだが、どちらが勝利したかといえば、デカルト＝ニュートン路線であった。つまり世界は、物質的科学万能の時代へと突入したのである。

われわれが常識的にもっている時間感覚というものも、こうした流れの影響を受けていることは間違いないであろう。カントが言うように、時間というのは経験的概念ではなくア・プリオリな概念であるとしても、デカルト＝ニュートン以前の人々には、無限の過去から無限の未来へと延びるまっすぐな時間軸などという観念はなかったはずである（ユダヤ教やキリスト教の思想には、直線的時間の概念があったが、いわゆるデカルト座標のようなものが明確に意識されていたとは思えない）。

しかし、ニュートン力学は二〇世紀初頭の相対論と量子論の登場によって、否定されることになった。

相対論がニュートン力学をどのように修正したかは、第二章で見た通りである。しかし、相対論はある意味で、ニュートン力学を踏襲している。相対論では、見る人の立場によって、同じ事象が過去にも現在にも未来にもなりうるが、それでも原因と結果の因果律が破られることはない。また（現実に測定できるかどうかは別にして）、時空の一点は文字通り点状であると見なしてさしつかえない。それゆえ、現在の物理学の専門家たちは、相対論を古典力学の範《はん》疇《ちゅう》に分類しているのである。

ところが、量子論はより深刻な問題をもたらした。量子論が正しいとして、われわれは時間についてどのような認識をもたねばならないのか――ということを本章では扱うのであるが、その前に量子論がわれわれに告げている一種の哲学的問題を見ておきたいと思う。

第一章で、色や温度はミクロの世界では消滅するという話をした。そういう意味で、色や温度は物理的実在ではない。身体が外的な環境と相互作用することによって生じる生物学的感覚である。

ただ、物理学では、そのような感覚をできるだけ忠実に反映する定義を設け、それを測定可能な物理量としているのである。

しかし、われわれは（というか物理学者は）、ミクロの世界でも消滅することのない物理量があると、暗黙のうちに仮定している。その代表をあげれば、「位置」「速度（運動量）」「質量」「エネルギー」、そして「時間」などである。つまり、一個のミクロの粒子（たとえば電子）をもってきたとき、この粒子はどこにあるか（位置）、その質量はいくらであるか、どんな速度で動いているか、そしていくらのエネルギーをもっているか、ということは人間の感覚とは無関係に実在していると思っているわけである。さらに念を押しておけば、この粒子がそのような物理量をもつのは、まさにどの瞬間（時間）なのか、ということも当然それに含まれているわけである。

もちろん、電子というようなきわめて小さな粒子について、それらの物理量の値を測定することは、技術的な困難を伴う。しかし、ニュートン力学の立場でいえば、それは技術的に困難なだけであって、いわば「神」の立場から見れば、実在するのである。

ところが、量子論の登場によって、こういう考え方が通用しなくなった。

◇ミクロの世界では「位置」や「速度」も消滅する

たとえば、量子論の重要な基本法則である不確定性原理によれば、ある粒子の位置と運動量（速度）は同時に確定することができない。これは、素朴に——位置を測定するにはその粒子に触れなくてはならず、触れるとその粒子の速度は変わらざるをえない——と説明することも可能であるが、こういう説明では、問題が哲学的議論からテクニカルなものへとすり替わってしまいかねない。つまり、その粒子の位置と速度は神様にはわかっているのだが、人間が観測することは不可能だ、というふうに解釈できるからである。

しかし、不確定性原理が示していることは、もっと本質的なことなのである。つまり極言すれば、粒子の位置と速度は、粒子を観測していないときには、実在していないということなのである。*

＊ 誤解のないよう注記しておけば、観測という用語の意味は、必ずしも人間がその物理量を測定しているという意味ではない。たとえば、位置の測定には蛍光スクリーンのようなものを用意すればよいが、これは原子の大集団であるマクロな物質である。そこに一個の電子が当たるとその一点が光り、それによって電子がそこにあるということがわかるが、これは人間が見ていてもいなくても起こることである。それゆえ、ある粒子を「観測」するとは、その粒子が、原子の大集団であるマクロな物質と相互作用をすること、というふうに解釈しておけばよい。

不確定性原理は、もちろん、あらゆる物理量が測定不可能な、でたらめなものだと主張しているわけではない。そこにはきわめて論理的な規則性がある。やや専門的になるが、位置と運動量を掛け算した物理量の次元を「作用」といい、不確定性原理は、対象としている二つの物理量同士の掛け算が「作用」の次元になる物理量の間だけで成立するのである。

ゼノンの「飛ぶ矢」のパラドックス

さて、色や温度は人間の感覚抜きには考えられない物理量であることは理解できても、ものの位置や速度といった概念はとてもそうとは思えないかもしれない。ものはどこかに存在しなくてはならないし、それが静止しているか動いているかといったことも、人間の感覚には関係なく起こっていることではないのか。

しかし、それはわれわれがニュートン流の力学的世界観のただ中にいることによる錯覚である。

おそらくアリストテレスの時代には、色、温度、位置、速度といった物理量は、すべて対等に扱われていたに違いない——それらを実在と見なすか、非実在と見なすかという意見は分かれていても（ゼノンの「飛ぶ矢」のパラドックスでは、位置と速度の実在性が問われている）。しかし、ニュートン力学の登場によって、位置、速度、質量、エネルギー、時間といった物理量が、より基本的で実在的な特別の物理量であることが明らかとなっていき、そして、量子論では、さらにそれらの物理量の非実在性が暴露されることになったのである。

話をまとめると、次のようなことである。

ここに一個の電子というものを考える。この電子が、この宇宙に存在することは事実である。しかし、このときわれわれは、電子を一個のボールのような存在と考えてはいけない。そのようなものとして見えることもあるが、それは電子の本質ではないのである。

では、どのようなものと考えればよいのか。

それを感覚的にイメージすることは、不可能である。一個の電子をなるべくその実体に即して捉えるためには、抽象的な数学表現に頼るしかない。たとえば、「無限次元複素ヒルベルト空間のベクトルである」といった具合である。

つまり、まったく観測されずに存在する電子――たとえば、電子銃から発射されてブラウン管に向かって真空中を飛んでいる途中の電子（これは、あのゼノンの飛ぶ矢だと考えても同じである）――の、位置や速度を問うことは無意味なのである。無意味という意味は、このとき電子という存在には、位置や速度というものが付随していないということである。電子は、われわれの日常感覚では捉えられない何かとして存在している。*（53ページ）

このような電子の存在を、われわれが認識するのは、電子が他の物質と相互作用するときである（電子銃とか蛍光スクリーンとか）。そしてこの「観測装置」が、一個の電子というようなミクロな存在ではなく、電子や原子の大集団というマクロな存在であるとき、その電子はある場所に点状に現れたり、ある決まった速度をもった流れとして現れたりするのである。

それだから結局、位置や速度といった物理量も、われわれの感覚に源を発した非実在的な概念といわざるをえない。つまり、いい替えれば、ミクロの世界では、位置や速度も消滅するのである。

◇原子一〇〇個でできた宇宙に時間は存在しない

ここまでくれば、時間という概念についても、同様のことがいえるとしても、何の不思議もないであろう。

時間は、もともと人間の感覚から生まれた概念である。毎日、太陽が昇り、星座が動き、狩りに出た良人《おっと》の帰りを今かと待ち、新たな生命が生まれ、そして死んだ人々は還らない。こうした日常経験の中から、われわれの祖先は時間という言葉を創り出したのである。

カントが言うように、時間はたしかに経験的概念ではなくア・プリオリな概念である。では、ア・プリオリな概念はどこに存在するのかといえば、人間の脳細胞の中に存在するのである。

比喩的にいえば、脳に組み込まれたア・プリオリな概念とは、コンピュータのOSのようなものといってもよいだろう。

コンピュータを購入したとき、OSはすでに組み込まれていて、利用者はそれを「生まれ付き」のものとして利用する。しかし、OSはソフトウェアなのだから、どこかで誰かがプログラミングをしたはずである。同じように、人間の脳に存在するア・プリオリな概念というものも、「どこかで誰か」が「脳内OS」としてプログラミングしたはずである。昔は、それを神の御業《みわざ》と見なすしかなかった。この世界に人間より知能的に優れたものがいない以上、そう考えるしかないからである。

だが、今では、その「どこかで誰か」を、「生命進化の過程」と断言することができる。

われわれがもっている知的な能力は、すべて進化の過程の中から生まれてきた。

単細胞バクテリアが動物へと進化し、大きな脳をもち、人間へと進化する過程の中で、生き

＊ それを無理矢理イメージしようとすれば、空間のあらゆる点に大小さまざまな時計の針のようなものが回転している――といったようなことになる（回転する針というのは、リチャード・ファインマンの喩えである）。

抜いていくために、われわれのはるかなる祖先たちは、世界に秩序を見出し、因果律や空間や時間といったア・プリオリな概念をしだいに形成していったのである。

物理学が対象とするミクロな世界に対して、生命現象が意味をもつ世界はマクロな世界である。ミクロとマクロの境界をどこに設けるかという議論は、場合場合の問題であって一般論としてはあまり意味はないが、ＤＮＡの分子量を目安とすれば、少なくとも一兆個の原子がなければ生命は存在しえないといえるだろう（生物個体の一対ＤＮＡ分子を構成する原子の個数は、おおよそ一〇億〜一〇〇〇億くらいである。一兆＝10^{12}は莫大な数に見えるが、一〇ミリリットルの水は10^{24}＝一兆×一兆個に近い原子からなっている）。

ここで一つの結論をいえば、われわれがもっている人間的時間の概念は、少なくとも一兆個以上の原子が存在するマクロな物質世界にしか通用しない概念だということである。

たとえば、ある宇宙が一〇〇個の原子によって成り立っていたとしよう。この宇宙には、もちろん生命は存在しえない。そして、この宇宙には過去・現在・未来といった時間性もない。そこにわれわれがもっている時間概念を無理矢理適用できないことはないが、そのようにしても、時間は過去から未来へ流れるのでもなければ、未来から過去へ流れるわけでもない。

時間論において、しばしば、ミクロの世界には「時間の矢」はないのに、マクロの世界にはなぜ「時間の矢」が存在するかという問題が提起されるが、そもそも、そういう発想自体が、人間的時間の概念をミクロの物理学的時間に押し付けようとする誤解なのである。

しかし、こうしたミクロとマクロの時間概念の関係については、時間論の本質ともいえることが含まれているので、第五章以降であらためて考えることにしよう。

ここでは、ミクロの時間概念が（そういうものが存在するとして）いかにわれわれの人間的時間と異なったものであるかを、量子論が示す論理的・実験的事実から説明しようと思う。

◇一秒の定義は何を意味するか

今日では、一秒という時間の定義が、原子の振動数というミクロな現象によって決められていることは、博識な読者の方ならご存知であろう。

いうまでもなく、一秒や一時間といった時間は、もともと地球の自転公転をもとに決められたものであったが、時間の測定技術が精密になってくると、地球の自転が必ずしも周期的でないことがわかり、一九六七年以降、原子の振動を利用することになったのである。

現在、「一秒は、セシウム一三三原子の基底状態の二つの超微細エネルギー準位[★5]の間の遷移に対応する放射の九一億九二六三万一七七〇周期の継続時間」と厳密に定義されている。

セシウム原子を用いる必然性はなく、どのエネルギーを基準に取るかの必然性もないのだが、何かを基準にする必要性から、便宜的にそのように決めているのである。

その物理的意味をかいつまんで述べておけば、原子はすべて中心にプラスの電荷をもった原子核があり、その周囲に電子が存在する（電子の個数は原子の種類によって、それぞれ異なる）。これらの電子一つひとつのエネルギーは、量子力学によってそれぞれ厳密に計算することができ、それらは連続量ではなく跳び跳びの離散的値を取る。

ある高い準位にいる電子は励起状態と呼ばれ、より低い準位に（空席がある場合）必ず落ちてくる。後で詳しく述べるが、これはビルの壁にあるレンガが地上に落下するのとだいたい同じ現象で、落下したレンガはエネルギーを得て地上で火花を散らすように、落下した電子は、そのエネルギー落差に応じた電磁波（光）を放出する。

このとき放出される電磁波の振動数は、エネルギー落差から厳密に計算することができる（より詳しくいえば、エネルギー落差に比例し、その比例定数はプランク定数という普遍定数★6である）。

ところで、振動数というのは、その電磁波が一秒間に振動する回数のことだから、これを逆手にとって、電磁波がその振動数だけの回数、振動を継続する時間を、一秒と決めているのである。

エネルギー落差が厳密に決められ、それに対応する電磁波の振動数が厳密に決められるのだから、一秒の定義は厳密に決めることができる。

こうして、ミクロの存在である原子のふるまいによって、一秒が正確に定義される。それゆえ、われわれはついうっかりと、ミクロの世界にこそ厳密な時間が存在するのだと勘違いしてしまう。

ところが、話はまったく逆なのである。

◇確定できない「事件」発生時刻

先に述べた一秒の定義は厳密なものであるが、いわば、お役所の作ったがちがちの公文書のようなもので、ミクロの世界の現実にはまったくそぐわない。

セシウム原子から放出される電磁波の九一億九二六三万一七七〇回の振動を一秒と定義するのだから、もし、一秒という時間を正確にカウントしようと思えば、その電磁波が一回振動する時間を測らねばならない。なんらかの時間を測定できる装置で、一回の振動時間を正確に測り、それを九一億九二六三万一七七〇倍すれば、一秒という時間が正確にカウントできるわけである。

しかし、現実にそのようなことは不可能である。いや、現実に、というよりも原理的にといった方が正しい。つまり、われわれがそのような測定手段を技術的にもつことができないのではなく、神様ですらそのようなことはできないのである。

一秒の定義は、セシウム原子が放出する電磁波の振動数を九一億九二六三万一七七〇と定義するのと同義である。これを、他のさまざまな原子と比較し、またここから逆にエネルギー準位を求め、このようにしてやがて観測可能な物理量と比較されるようになるわけである。定義はあくまで定義であって、時間の測定そのものとは関係していないということである。

逆説的ではあるが、原子から放出される電磁波に関しては、時間について何も測定することができない。

その理由は、エネルギーと時間の掛け算の次元が、四九ページで述べた「作用」の次元になるので、不確定性原理[★7]によって、両者を同時に正確に決めることができないからである。

原子内の電子のエネルギー準位は、確定的なものである。よって、原子から放出される電磁波のエネルギーも確定している。したがって、この電磁波について、時間はまったく不確定ということになる。[*]

時間の不確定性が意味することは、次のようなことである。

ある励起状態にある電子は、空席があれば必ず低いエネルギー準位に落ちるということは先ほど述べた。これを常識的に壁のレンガの喩えで考えてみよう。

ビルの壁に剝《は》がれかけたレンガがあって、それがあるときふいに落下し、地上の通行人を死亡させたとしよう。レンガが剝がれかけていたことは事前に知られていた。また、通行人の死亡は、いつかは誰かに発見されることである。しかし、残念なことに、この事件を目撃した人はいなかった。

たとえ目撃証言がなくても、われわれはこの事件を次のように述べるだろう。

○月○日○時○分○秒、壁のレンガは突如落下し始め、その○秒後、不幸にもその場を通行していた誰それに命中した――と。ただ、これらの○に入る具体的数字が、残念ながら確定できない。しかし、もし、現場に監視カメラが設置されていれば、その時刻は正確に特定されるし、カメラがなくても、神様ならその時刻を正しく指摘できるであろう――と。

＊ 逆に、時間を確定すると、エネルギーがまったく不確定になる。つまり、きわめて短い時間で世界を見ると、そこには恐るべきエネルギーの発散が存在する。

レンガは「いつ」落ちたのか？

壁のレンガの世界なら、それでよい。

しかし、原子の中の電子の落下は、それに似て非なるものである。

レンガの類推から、励起した電子は（仮に予測できないものとしても）、現実にはある時刻に落下を始め、非常に短い時間であろうが、ある時間後に下の準位に落ちるはずである。事件なり出来事が起こるとは、そのように確定した時刻に何かが起こることである。これが、われわれの常識である。

ところが、量子力学的世界では、この常識がまったく崩れ去るのである。

われわれは、けっして電子が高い準位から落下し始める瞬間を捉えることができない。ましてや、高い準位と低い準位の間を落下中の電子など、見ることさえ不可能である。

量子力学が誕生した当初は、こうした議論についてはさまざまな異議が唱えられた。要するに、われわれの常識は正しいのであって、量子力学は何かが間違っているという論理である。

しかし、最近は、観測技術が非常に進歩して、量子力学の原理に関して、それを確かめる実験が実際におこなえるようになってきた。そして、それらの実験は、ことごとく、量子力学が正しく、われわれの常識が間違っていることを実証しているのである。

ここで、専門的なことをこれ以上詳しくは述べないが、もう一度、正しい結論を述べておくと、エネルギーが確定している量子系においては、時間の測定は原理的に不可能であるということである。

そして、このことが正しいのだとすれば、われわれは時間について、次のように結論せざるをえない。

（少なくともエネルギーが確定しているような）ミクロの系においては、時間は存在しないのだ――と。

◇ミクロの世界に因果律は成立するか

時間の経過と因果律の間には、密接な関係がある。物事の生起が、Aが原因でBが、Bが原因でCが、というように起こるとき、AをA′に変更すれば、BもCも影響を受けるだろう。しかし、CをC′に変更しても、AやBは影響を受けないはずである。もし、このような因果律が崩れれば、われわれは生きていく基盤を失うことになる。

しかし、ミクロな量子的世界においては、このような因果律は崩れ去るのである。

このこともまた、最近の実験事実が明らかにしていることであるが、ここでは煩雑さを避けるために、ごくわかりやすい思考実験の形でそれを紹介することにしよう。

予備知識として、波の干渉という現象について、かいつまんで述べておく。

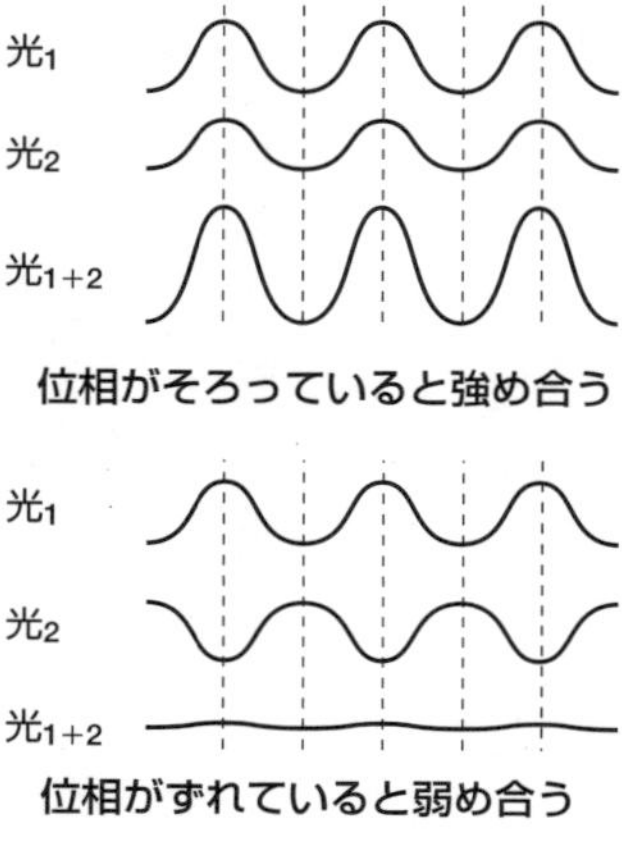

光の干渉

水の波、弦楽器の弦の振動、音波、光波など、われわれの周りには波動と呼ばれる現象がたくさんあるが、干渉はこれらすべての波動に共通して起こる特徴的な現象である。

その原理は簡単で、波長と振幅の等しい二つの波が重なったとき、波の「山」同士が重なれば、波の振幅は二倍になり（すなわち、波が強くなり）、波の「山」と「谷」が重なったときには、波は消えてしまう。このように、二つの波の「山」と「谷」がどのように配置されるか（これを位相のずれと呼ぶ）によって、強め合ったり、弱め合ったりする現象が干渉である。

さて、左ページの図のような光波の干渉装置を考えてみよう（これは、一九世紀初頭にヤング[★8]が実際に光が波であることを証明した実験と同じものである）。

ランプLから発せられた光は、衝立Mに当たり、その衝立に細く切られた二つのスリットS_1とS_2から右に漏れ出し、スクリーンNに届く。このとき、スクリーンN上には、明と暗の干渉縞が生じる。

この実験は、もっとスケールを大きくして、衝立Mを防波堤、S_1、S_2を防波堤に空けられた狭い水路とし、ランプLを水面を叩き波を起こす装置と見なしても同じである。

スクリーンNに干渉縞が現れる理由は、スクリーンの各点に到達した波の「山」と「谷」（位相）が少しずつずれるからである。

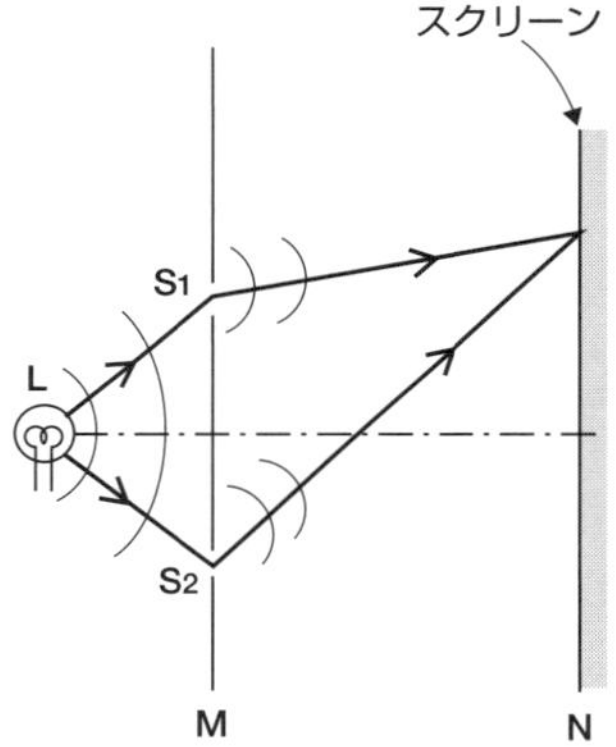

ヤングの干渉実験

水の波やふつうのランプを用いた実験では、波は連続的に伝わり、不可解なところは何もない。しかし、ランプの光量をぎりぎりまで落とし、光一個（光子）を放出するような実験をしたときには、奇妙なことが起こる。

もし一個の光子を弾丸のような粒だと見なすと、この光子が衝立を通過するとき、スリットS$_1$とS$_2$のどちらか一方しか通過しないはずである。干渉は、波が二つのスリットの両方を通過することによって起きるのだから、このようなとき、干渉は起こらないはずである。

ところが、実際には、光子を一個ずつ発射する操作を何十回、何百回と繰り返す実験をしてみると、結果的にはスクリーンNにきちんと干渉縞が現れる。

ここでは詳しくは述べないが、この矛盾はすでに解決済みである。解決済みというよりも、あらゆる実験事実がそうなので、物理学者たちはこの奇妙な事実に慣らされたのである。

つまり、結論は、一個の光子はスリットS$_1$とS$_2$の両方をすり抜けるということである。ランプLを出るとき、光子は点状の粒子である。そして、スクリーンNに到達するときも、同じく点状の粒子である。にもかかわらず、衝立を通過するとき、この光子は両方のスリットを通過しているのである（そういうことにしないと、実験結果を説明することができない）。

そんなことで、光子や電子といったミクロな粒子は、「幽霊的な存在」であるとか、もう少し物理的に「雲のように拡がった存在」である、などと比喩的にいわれるのである。

◇「犯した罪」を消去できる世界

さて、以上のような量子力学的事実をふまえたうえで、因果律と時間の問題を考えてみる。

スクリーンN上で干渉が起こるためには、一個の光子はスリットS_1とS_2の両方を通過しなければならない。もし、S_1とS_2を通過する光子が別物であれば、干渉は起こらない。たとえば、光子1はスリットS_1だけしか通過できず、光子2はスリットS_2だけしか通過できないように工夫した装置を作って実験すると、干渉縞は現れない。

そこで、どちらのスリットを通過したかを区別できるように、スリットS_2に細工をする。実際の実験では、偏光面を九〇度回転させるような装置を入れるのだが、ここではわかりやすく、S_2を通過する直前に赤いレッテルが貼られるとしておこう。このレッテルを貼る装置をXとしておく。

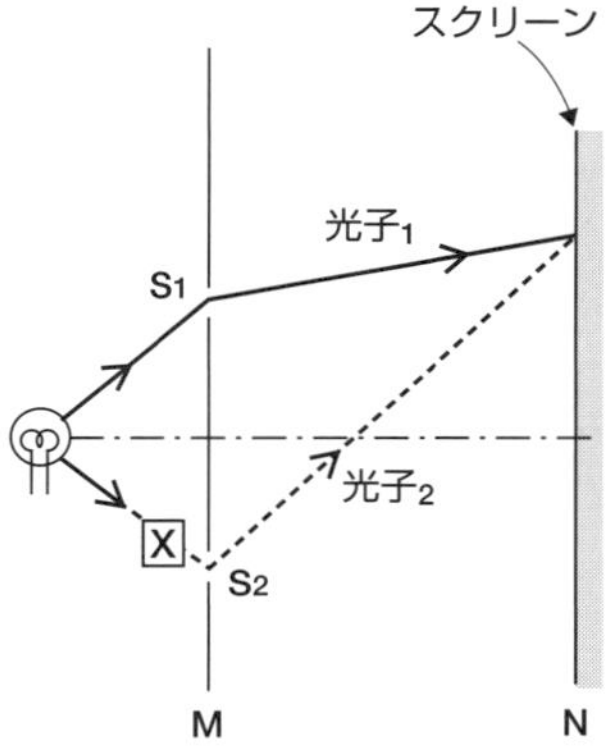

装置Xを通ると光子$_2$は「別人」になって、光子$_1$と干渉しない

こうすると、スクリーンNには、赤いレッテルを貼られた光子と、レッテルのない光子が届くから、この二つの光子は区別することができ、干渉は起こらない。つまり、スリットを通過する「時点」で、もともと一つだった光子が二つに分裂すると考えればよい。

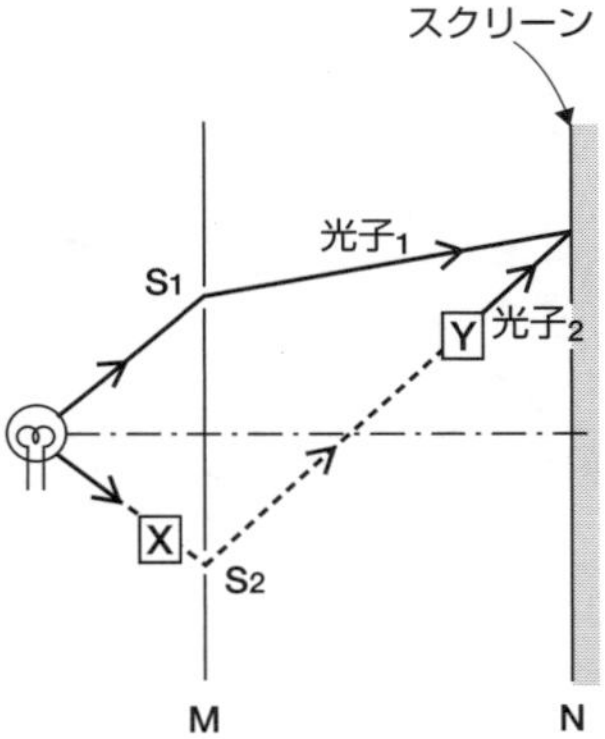

装置Yを通ると、「罪」が消去され、光子$_1$と光子$_2$は干渉し合う

さて、ここで、さらに上の図のように、スクリーンNのすぐ手前に、レッテルを剝がす装置Yを置く（実際は、偏光面を元の角度に戻す装置）。

そのようにすると、とても面白いことに、再び干渉縞が現れるのである。

この事実は、余分なことを考えない赤子のような脳細胞で考える方が、理解しやすい。つまり、装置Xで光子は赤いレッテルを貼られたが、装置Yでそれを剝がされたのだから、スクリーンNでは、それらの光子を区別することはできない。すなわち、S_1とS_2を通過した光子は、同じ一個の光子に戻ったのだと考えればよいのである。

しかし、因果的世界に生きてきたわれわれの理性的脳細胞は、そのような解釈をけっして許さない。

仮にこの実験のレッテルのように、「犯した罪」を簡単に消し去ることができるなら、人生、実に楽なものである。いかに償おうと、自分がしでかしたことは事実として残る、しかもそれは過去の出来事であり、取り返しの付かない事柄である。それがわれわれの生きている因果応報の世界なのである。

しかし、量子的ミクロの世界では、われわれが信じているような因果律は成立しないのである。

われわれは、ふつう次のように解釈する。

光子が干渉を起こすのは、一個の光子がスリットS_1とS_2の両方を通過するからである。しかし、スリットS_2を通過した光子には、赤いレッテルが貼られたので、その「時点」で、光子は別々のものに分かれたのである。これらの装置XとYが、衝立の手前に並んで置かれていれば、スリットS_2を通過する「前」に、光子は元に戻っているから、干渉は起きるかもしれない。事前に気づいて、罪を犯さずにすんだということである。あるいは、逆にXもYも、衝立の後ろにあってもいいかもしれない。しかし、スリットS_2を通過する「直前」に、レッテルが貼られている事実は消せない。

しかし、この解釈は間違っているのである。というのも、最近ではこのような思考実験を、実際の実験でおこなうことができるようになり、どのように細工した実験をおこなっても、常識に反する事実しか得られないからである。

では、常識的な解釈のどこが間違っているのか。

その根本は、光子がランプを出て、スリットを通過し、スクリーンに到達するという事実に、われわれが暗黙のうちに時間的な順序を設定してしまっていることにある。

もちろん、ランプを光子が出る時刻と、光子がスクリーンに到達する時刻は、確定している。そして、ランプを出るという事象の方が、スクリーンに到達するという事象より前であることも確かである。

しかし、その間に起こったことについては、時間的なことは何もいえない。そこにあるのは、一個の光子に関する量子的な状態だけであって、われわれが経験するような過去から未来に流れる時間などというものは、いっさい存在しないのである。

もちろん、その間に、なんらかの方法で観測という行為を加えれば、事態は一変する。レッテルを貼る装置Xや剝がす装置Yは、その系を乱すことなく置けるから、系はある量子状態を保持している。ただ、その量子状態というものの中身には、われわれが常識的に実在していると思っている時間や空間、あるいはエネルギーや運動量（速度）という実体がないということなのである。時間をはじめとするそれらのお馴染みの物理量は、その系がマクロな観測装置と相互作用する過程においてのみ出現してくるのである。

◇排中律さえ否定される

ついでにいっておけば、観測されていないミクロの量子系においては、あらゆる可能性がそこに含まれている。

わかりやすい喩えでいえば、コインを投げれば、表が出るか裏が出るかのどちらかである。それゆえ、コインを投げるという動作が終わった時点では、コインは表か裏か、どちらかの状態にある。これは、論理学における排中律であって、Aという事象とBという事象が互いに相手の否定であるとき、AならばBではなく、BならばAではない——これは証明不要の公理のようなものである。

ところがミクロな量子系では、そうではない。コインが投げられていても、観測がなされていなければ、コインは表でもあり裏でもある。どちらの可能性ももった混合状態として存在するのである（最近流行の量子コンピュータは、この事実を利用している）。何度も強調するが、われわれはまだ観測していないがゆえに結果を知らないのではない。観測しないかぎり、実在は宙ぶらりんの状態にあるのである。

シュレーディンガーの猫★9という有名な思考実験は、まさにその例である。ただ、実際にそのような実験をすれば、観測してもしなくても、猫は生きているか、死んでいるかのどちらかである。それは、猫がわれわれと同じマクロの世界の存在だからである。ミクロな量子系の世界（一個でなく、複数個でもよい）では、われわれが論理の基盤としている因果律や排中律でさえ成立しなくなるのだということは、哲学的議論をするときにも、一つの事実としてふまえておくべきである。

第四章　時間を逆行する反粒子

◇ミクロの世界には時間は実在しない

第二章、第三章で、相対論と量子論が明らかにした時間の性質について述べた。これらの物理学的時間が、いかにわれわれが実感する人間的時間とかけ離れたものであるか、おわかり頂けたのではないかと思う。そのような物理学的時間に慣れて頂くために、もう一度、要点をまとめておこう。

原子一個といったミクロな存在の世界においては、時間そのものが実在ではない（その他の物理量もまた実在ではない）。そこでは因果律さえ成立しない。

しかし、原子の大集団であるマクロな系（観測装置）を使うと、ミクロな存在の時間（やその他の物理量）を観測することは可能になる。というのも、時間（やその他の物理量）は、マクロな世界の概念であり、われわれは観測装置をミクロな系に押し付けて、いわば強引に時間（やその他の物理量）をそこから引き出すからである。

しかし、時間などの物理量が実在ではないため、その観測においては、大きな制約が生じる。たとえばあるミクロな系のエネルギーを観測する（確定させる）と、もはやその系の時間はまったくわからなくなってしまう（壁のレンガ事件を思い起こされたし）。

一方、あるミクロな系の時間を正確に測定する（確定させる）ことは不可能ではないが、このときにはその系のエネルギーがまったく不確定になり、とんでもない現象を目の当たりにすることになる。つまり、ミクロな系をきわめて短い時間、垣間見ると、そこには宇宙を爆発させてしまうくらいのエネルギーが溢《あふ》れている。われわれがこのような恐ろしい爆発を避けられているのは、ひとえに曖昧《あいまい》な時間の中に生きているからである。

以上のようなことであるから、ミクロの世界において、われわれが問題にしているような過去・現在・未来といった時間の向きや流れが存在するはずもない。われわれは、時間の問題を、マクロな世界から始めねばならないのである。

◇マクロの世界における時間概念

さて、（特殊）相対論は、マクロな世界を記述するので、そこでは時間というものが立ち現れてくる。

そのようにいうと、いったいなぜ、マクロの世界になると時間が立ち現れるのか、という疑問をもたれるかもしれないが、それはわれわれがア・プリオリに（すなわち、生命進化の結果として）時間という概念をもっているからにほかならない。

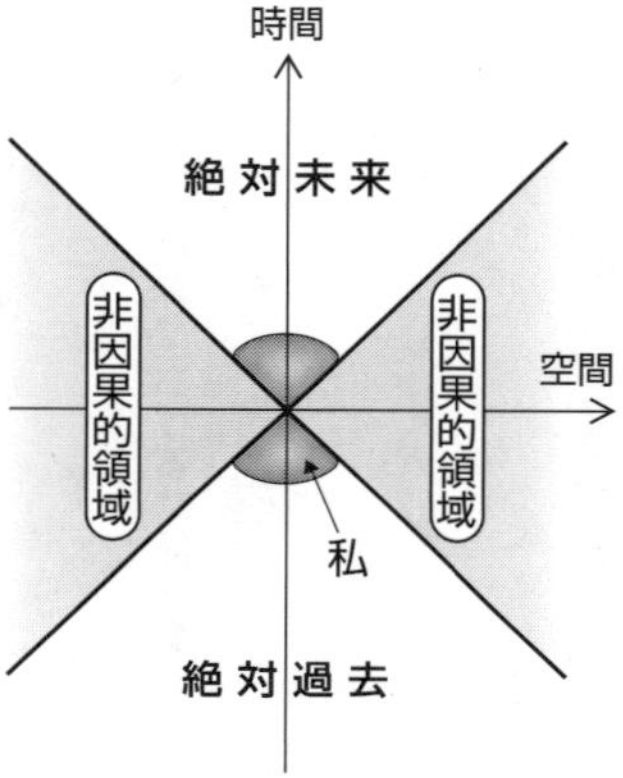

「私」は、世界の内に存在する

この世界を、時間と空間という器によって捉えることは、生きていくうえではなはだ便利である。というか、そのように捉えてきたからこそ、われわれは生き残れたのである。*

何はともあれ、われわれは時間という概念をもっている。この理性的な概念を、より精緻な物理学に適用することによって、相対論という新しい世界の構造が現れたのである。

◇「私」は時間性の中に生きている

相対論によれば、空間は虚であり、時間は実である。もう一度、三つの領域に区切られた時空図を思い出して頂こう。

この時空図の原点に、「私」がいる。私の周囲には、空間方向には因果的関係をもてない「あの世」が存在する。そのため、私のいる現在を境にして、世界は絶対過去と絶対未来の二つに完全に分離される。時間が「実」であることの意味は、私が因果関係をもてる世界が、時間方向だけであることに現れている。

ハイデガーの哲学を本書で引用することは、ほとんど冒瀆《ぼうとく》に等しいかもしれないが、それで

＊ もっとも、われわれの祖先は一万年ほど前までは、時間という概念をもっていなかったと思われる。彼らは他の生物同様、獲物や来襲者の「動き」といった刹那刹那に生きていたのであり、そこから時間概念が生まれるためには、もっと余裕のある生活（農耕など）が必要だったに違いない。それゆえ、時間は人間の理性が生み出した後発的な概念であり、よりプリミティブには、「動き」こそが生き延びる条件だったのである。

面白いことに、相対論では時間は空間との相対性の中に埋没し、「動き」が絶対者として復活する。すなわち、相対論で絶対的な存在は、光速だけである。

非常に簡単な思考実験によって、われわれはマクロな世界においても、時間や空間は実在ではないことを示すことができる。

一個の光子の立場から考えてみよう。もし光子が意識をもっているとすると、それはどのような世界を体験するだろうか。相対論が正しいとすれば、光速に近づくにつれて、空間の縮みと時間の遅れは極限に達するから、宇宙空間を飛んでいる光子は、一瞬のうちに宇宙の果てに到達する。つまり、光子にとって、宇宙の大きさは0であり、流れる時間もまた0である。つまり、光子にとっては時間も空間も存在しない。光子にとっては無であるような世界の中に、われわれは広大な空間と悠久の時間を見ているのである。

も本書で最終的に導かれる結論は、ハイデガーの描く世界の構図を肯定するものである。われわれの考察は、まだそこまではいたっていないが、ここで中間的な見通しを述べておくのも無駄ではあるまい。

「私」は明らかに世界の一部である。デカルトが考えたような、物質世界と独立した精神などというものは妄想でしかない。つまり、ハイデガーが考えたように「私」は世界‐内‐存在である。それでは、「私」は世界とどういう関係をもつのかといえば、それは時間性の中にしかありえない。

ハイデガーは、「私」として「現存在」という精神的存在を考えるが、本書における「私」は、「細胞」すなわち「生命としての私」までをも含む広範な存在と見なしてよい。すなわち、「人間としての私」は、時間というものを意識するが、細胞としての私は、先に述べたように、「動き」というものを意識するだけである。

ところで、細胞としての生命は、どのように生きているのかといえば、（想像するに）外界から刺激を受けて（攻撃されたり、獲物を見つけたりして）、それに反応する（逃げたり、獲物を追いかけたりする）。このとき、刺激を受けるのは必ず過去からである。そして、反応するのは必ず未来へ向かってである。その接点に、意思決定する「私」がいる。つまり、世界‐内‐

存在である「私」が、世界の中で生きるとき、それは時間性の中にしかありえないのである。*が、少し急ぎすぎたようである。以上の話を確かなものにするためには、われわれはもっといろいろな事柄を考察しなければならない。すでにお気づきのように、これまでの考察の中でまだ解決していない決定的な要素がある。それは、時間の向きや流れはなぜ過去から未来に向かわなければならないのか——という本質的な問である。

この問に答えることこそが、本書の最大の目的である。

相対論は、非因果的領域というものが存在することを明らかにすることによって、「私」は時間性の中にしか存在できないことを、物理学的に明らかにした（すでに第二章で述べたことだが、ニュートン力学的時空概念では、このことを説明できない）。しかし、相対論は、過去→現在→未来という「時間の矢」をけっして想定してはいない。相対論では、過去と未来は完全に対称的である。時間が、未来→現在→過去という順序で流れても、相対論はそのまま成

---

*「刺激→意思決定→反応」という流れを、現存在にあてはめれば、それはハイデガーが言うところの「配慮」という概念になるのである——と、これはハイデガー哲学の素人解釈でしかないが、ぼくはそう思うのである（巻末の参考文献解説⑤参照）。

立する。というか、相対論の中には時間の向きや流れはない。

これもすでに述べたことだが、相対論的時間は（空間と交換可能ということであっても）、マクタガートのいうC系列なのである。七四ページの時空図の中に、時間の向きや流れはまったく存在していない。時空というのは（実数と虚数の組み合わされたものではあるが）、あくまで事象の配列、いわば一覧表でしかないのである。

◇反粒子は時間を逆行する粒子である

これまで登場した物理学——相対論と量子論——の中には、時間の向きや流れはないということを、より証拠づけるために、再びミクロな粒子の世界に飛び込もう。

何度も述べたように、ミクロの世界には、時間をはじめ、われわれが常識として使っている物理量が、実在として存在しているわけではない。それらのわれわれに馴染みの物理量は、マクロな系（観測装置）との相互作用の中でのみ現れてくるものである。

たとえば、ミクロな存在の「位置」は、蛍光スクリーンや光電管の配列や霧箱、泡箱といった装置で確認することができる。霧箱は、今では古い装置となってしまったが、ミクロな粒子の飛んだ軌跡をイメージするのにたいへん便利である。その原理は、飛行機雲と同じで、過飽和状態の霧の中を飛ぶ肉眼では見えない一個のミクロな粒子が、くっきりと白い軌跡で示される。もちろん、ミクロな存在の「位置」は実在ではないのだから、何もない真空の空間に存在するミクロの粒子は、そのような軌跡で飛んでいるわけではない。霧というマクロな物質と相互作用をしたときにのみ、ミクロの存在はまるで大空を飛翔する小さなジェット機のように、明晰《めいせき》な軌跡を描くのである。

このミクロな粒子の軌跡は、粒子が核反応などで分裂したり、他の粒子に転化する様子も見せてくれる。霧箱は、空き瓶とドライアイスがあれば簡単に作れるので、われわれはいつでも宇宙から飛んできて大気圏内の空気と衝突してさまざまな粒子に変化するミクロな存在を、小学校の理科の実験程度の安易さで観測できるのである。

二〇世紀の半ばに、こうした観測装置によって、ミクロな素粒子の研究が大いに進んだ。そうして、ミクロな粒子の変転、創造、消滅といった現象が、この霧箱の軌跡のイメージで描かれるようになったのである。たとえば、次ページの図は一個の電子と一個の陽電子が衝突して消滅し、ガンマ線になる様子を示している。

この図は、霧箱による粒子の軌跡と見ることもできるが、横軸を空間、縦軸を時間とすれば、粒子の相対論的な世界線と見ることもできる。つまり、図の下が過去、上が未来とすれば、電

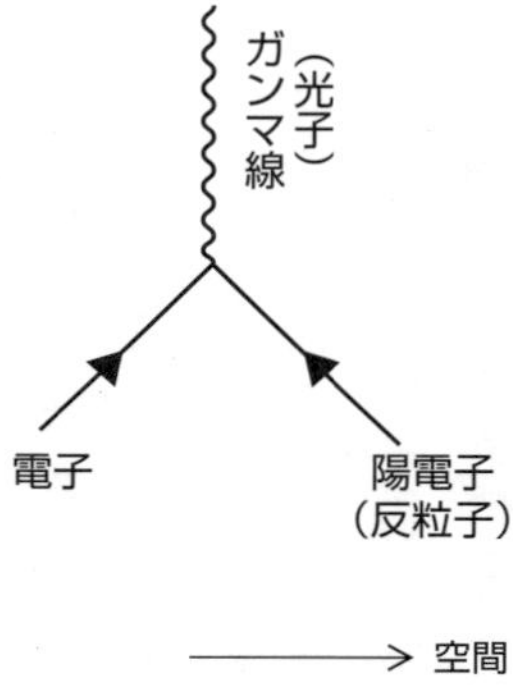

電子と陽電子の対消滅

子と陽電子が飛んできて衝突し、それらは消滅し、ガンマ線が生じたという出来事を、時空図の中で表しているわけである。

　ここで、陽電子とは、電子とまったく同じ性質をもった粒子で、その電荷だけがふつうの電子のマイナスと反対のプラスである粒子である。いわゆる反粒子（反物質）である。

　反粒子の存在は、ディラック[★10]によって理論的に予言されたものであるが、最初は誰もそのような粒子が現実に存在するとは信じていなかった。しかしやがて、霧箱の軌跡の中に電子の反粒子である陽電子がいくらでも存在することが確かめられたのである。

　さて、素粒子物理学では、反粒子は過去へ「旅する」粒子と見なされる。これは比喩でも何でもなく、あらゆる粒子にはその反粒子が存在し、それらを未来から過去へ向かって進む粒子と見なして、すべてが説明できるのである。

　たとえば、左の図の電子と陽電子の対消滅[★11]は、次のように理解することができる。

過去から未来へと（われわれと同じ時間「感覚」でもって）飛んできた電子が、ある時点で（未来からの）ガンマ線と衝突し、過去に向きを変えて進み始めた——と。

こういうことになると、われわれの日常での因果関係は何の役にも立たなくなる。電子と陽電子の対消滅は、二つの異なる因果の文脈で表現できるのである。

《解釈1》原因——電子と陽電子の衝突。
　　　　結果——ガンマ線の発生。

《解釈2》原因——電子と（未来からやってきた）ガンマ線の衝突。
　　　　結果——電子の過去への反跳。

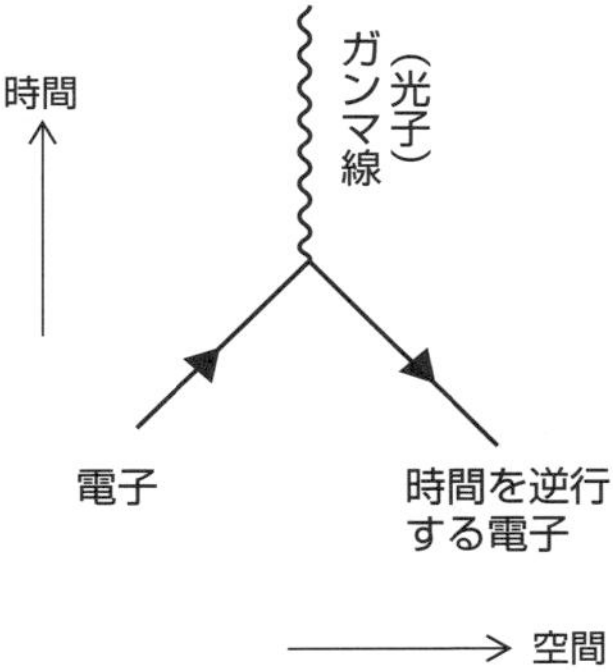

陽電子は時間を逆行する電子である

◇時間と空間を交換できるファインマン図形

このような素粒子反応の図は、さらに進んでファインマン図形と呼ばれるものへと発展していく。ここでは、ファインマン図形の詳細を述べるつもりはないが、その図を単純に読み取ると、時間と空間の反転さえ可能になる。

たとえば、上の図の⑴は、横軸を空間、縦軸を時間に取ってある。そうすると、この素粒子反応の解釈は、粒子Aと粒子Bが近づいてきて、互いに光子の交換という相互作用をおこない、その結果、飛ぶ方向を少し変えて離れていくという図式である。これは、陽子のそばを電子が通り、その電気力によって散乱される場合の図でもあるし、惑星の重力圏で重力によって軌道を変える探査船の図式ともいえる。

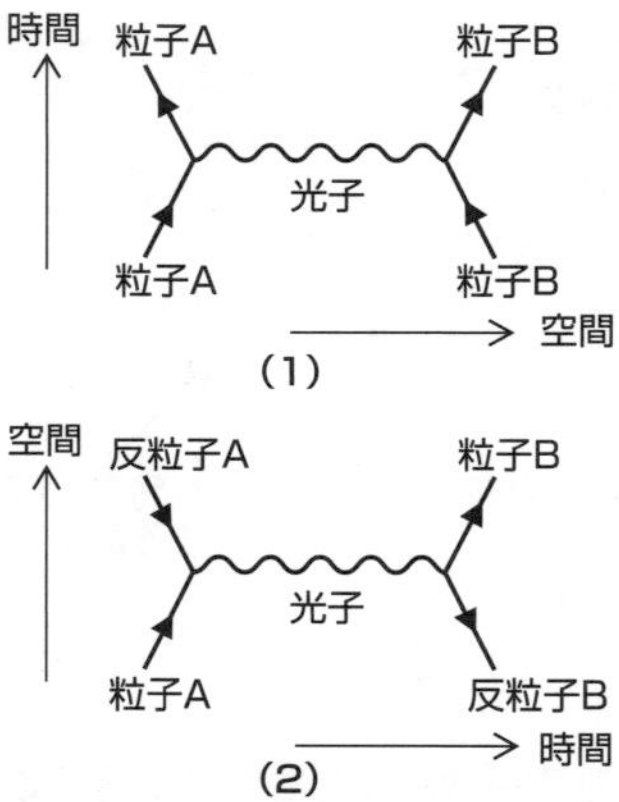

ファインマン図形は、時間と空間を反転できる

ところで、この図の時間軸と空間軸を入れ替えると、図の⑵となり、この場合の素粒子反応の解釈は、粒子Aと反粒子Aが衝突して対消滅し、光子が発生し、その光子がある時点で、粒子Bと反粒子Bを対創生[★12]したと見なすことができる。

あるいは、同じことであるが、粒子Aは光子と衝突したところで、過去に反跳し、別の時点で、未来から逆走してきた粒子B（すなわち反粒子B）が光子と衝突し、未来へ進む（ふつうの）粒子Bになったと解釈できる。

◇相対論的C系列としての時間

これらのことが何を意味しているかといえば、ミクロの存在を時空の中を動く軌跡——すなわち世界線——として描くことは可能であるが、その向きには何の必然性もないということである。時間が過去から未来に流れるとしてすべて説明できるが、逆に時間が未来から過去に流れるとしてもすべては説明できる。時間と空間を入れ替えてもまた、すべては説明できるのである。因果関係の説明は、それぞれの場合で異なるが、どの説明が正しく、どの説明が間違っているというようなことはいえない。

このような科学的事実を解釈する方法は一つしかない。

ミクロな存在に無理矢理時間という性質をあてがうにしても（そしてそれは可能だが）、それはわれわれが感じる人間的時間とはまったく異質なものであり、それは時空というキャンバスに描かれた一覧表にすぎないということである。つまり、ミクロな世界を扱う物理学で観測される時間は、あくまで（相対論的）C系列であるということである。

ぼくは哲学の門外漢であるから、マクタガートの「A系列の時間もB系列の時間も実在しない。C系列だけが実在可能だ」という証明の是非について意見を言えるような哲学的見識はもち合わせていない。しかし、相対論、量子論、素粒子物理学などの現代物理学が示す時間は、実在とはいいがたいものだが、人間の理性で理解するかぎり、（相対論的）C系列の性質をもった時間なのである。*

さて、それでは、B系列やA系列の時間は、どこに存在するのだろうか。

われわれは、ようやく議論をもう一歩進める段階にきた。

ミクロな世界に、われわれが言ういわゆる時間がないのだとしたら、それはマクロな世界のどこかで生まれているはずである。第五章では、そのことを探究していくことにしよう。

＊　物理学者は、声を大にしてこのようなことを叫ばないが、暗黙のうちにそういうことは認めている。なぜ声を大にしないのかといえば、時間そのものを研究している物理学者などほとんどいないからであり、それゆえ、ミクロな世界の時間がC系列だということを不思議にも思わないからである。

第五章　マクロの世界を支配するエントロピーの法則

◇時間の謎へのやるせない想い

マクロな世界とは、原子や分子が大集団（少なくとも一兆個くらいの単位）で存在する世界のことである。そうして、われわれ人間も含めてあらゆる生命は、このマクロな世界に生きている。

これまでの章で見てきたように、現代の物理学が明らかにした範囲内では、ミクロの世界（原子がせいぜい数えられるくらいしか存在しない世界）には、われわれが感じているような時間の向きや流れ（A系列の時間）が存在する証拠は何もない。否、因果関係の順に並んだB系列の時間すら存在せず、むしろ、C系列の時間しか存在しないということを、強く主張しているようにさえ見える。

そして、このことはなんら不可思議なことではない。第一章で見たように、色や温度はわれわれが直接感じることができるきわめて明快な概念であるにもかかわらず、ミクロの世界には色や温度は存在しないのである。それどころか、量子力学が主張していることは、位置や速度やエネルギーといった概念ですら、実在とはほど遠いものだということである。それゆえ、時間もまたミクロの世界の実在でないということは、むしろ道理に適ったことなのである。

そうすると、われわれが時間の向きや流れと呼ぶA系列やB系列の時間は、無数といってもよいほどの原子や分子が集まったマクロな世界の中から生まれてくるものでなくてはならない。*時間概念の創造をどこに取るかということは、ある意味、恣意《しい》的なことである。農耕の始まりによって人間は時間概念を得た、それ以前に時間概念はなかった、ということで知的好奇心が満たされれば、それはそれでいいわけである。われわれが、というか、ぼくがこのように時間についてあれこれ想いを巡らせているのは、いわば片想いの恋のようなもので、時間に対してどうしても解決したいやるせない想いがあるからである。

しかし、物理学を根拠にするかぎり、A系列のいわゆる主観的な時間については、何もいえないのではないか、という主張はもっともである。これもすでに述べたことだが、時間についてはいえないのではないか、という主張はもっともである。

＊ もちろん、それすら否定することも可能である。つまり、時間は自分という主観の中だけに存在するものである、というような主張である。第四章でも少し触れたように、人類がはっきり時間というものを意識するようになったのは、おそらく農耕が始まってからのことであろう。そうすると、それ以前の人類には時間の概念がなかったわけで、時間の創造は農耕とともになされたということもいえるわけである。しかし、物理学を根拠に時間論を展開している本書が、そういう立場ではないことはいうまでもない。

て書かれた科学啓蒙書がおしなべて科学的説明に終始し、A系列の主観的時間についてはほとんど言及していないことからしても、そうである。

本書は、物理学を中心とした科学にその根拠をおいているが、その主たる目的は他の科学啓蒙書とは違い、A系列の時間はどこで創造されたのかを発見することである。そうでなくして、どうしてやるせない想いを満足させられようか。

◇「意思」と時間の流れ

本書の一番の目的をここで述べておこう。

ハイデガーは、現存在の本質は時間性にあるのだということを発見するが（巻末の参考文献解説⑤参照）、それはハイデガーが主張するように、自分という存在が世界の一部だからである。それでは、そのことはいつ始まったのかといえば、生命の進化の過程においてである（ここにはすでに、「進化」という時間が仮定されているが、それが自家撞着《どうちやく》でないことは、おいおいわかるであろう）。つまり、時間性ということをはっきり意識するのは現存在であるが、そうではなく、ぼんやりと過ごしているときのわれわれもまた、時間の向きや流れにはうすうす気づいているのである。そして、この時間の向きや流れの気づきは、どこから来ているのかといえば、それは生命の誕生のときに遡《さかのぼ》るであろうということである。

一個のバクテリアは、もちろん時間に気づいたりはしていない。しかし、そのバクテリアは生きているのであり、生きているかぎり、自動機械ではなく、なんらかの「意思」をもっているのである（デカルトは、人間以外の生命を機械だと言ったが、自分自身が生命であるとはどういうことかと考えたとき、自分とバクテリアが同類であり、バクテリアと石ころが同類であるとはとても思えない）。つまり、バクテリアは世界の外から（過去から）なんらかの干渉（攻撃や誘惑）を受け、それに対して、世界の外へ（未来へ）なんらかの反応をする。

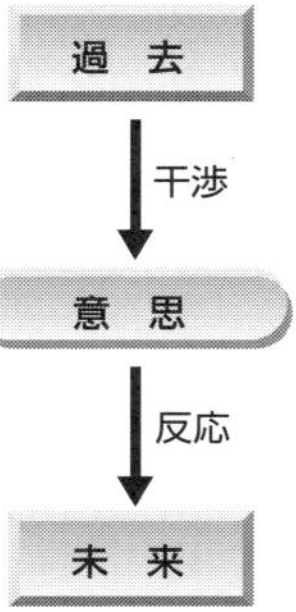

生きるとは、過去→現在→未来という時間性の中にあることである

この反応の中に「意思」があるのである。つまり、バクテリアは敵からの攻撃に、右に逃げることも左に逃げることもできる、反撃することもできる、場合によっては無抵抗に餌食になることもできる。そのような自由をもっているのである。このとき、バクテリアは時間を意識するはずもないが、生きる意味が時間性の中にあるとぼんやり気づいているといえるのではないだろうか。

　バクテリアではなく、自分自身のことを考えれば、このことはもっとはっきりする。われわれは世界の外からなんらかの干渉を受ける。どんな干渉が来るかを、われわれは制御できない。すなわち、過去は制御できるものではないのである。それに対して、世界の外へ自分の「意思」で反応を返すとき、われわれはそこに選択の自由を得る。つまり、未来は、自分がいかに行動するかで、自在にとまではいかないまでも、自分に許された自由の範囲内で決定できる。この干渉→意思決定→反応の反転不可能な流れこそが、時間性でなくて何であろうか。

　つまり、本書で明らかにしたいことは、このような、遡ればバクテリアまで行き着くような自由意思と時間の向きや流れが、なぜにあり、またそれはどこで創造されたのか――ということなのである。

　少なくとも、ミクロの世界にそれはない。

◇逆回しすると奇妙さがすぐわかる不可逆過程

　ということで、われわれは探究の手をマクロの世界に拡げることにしよう。

　マクロの世界を説明する物理学は、熱力学あるいは統計力学であるが、本書の目的からして、それら全般にはあまり深く立ち入らない。

時間論に少しでも興味をおもちの方は、問題がエントロピー増大の法則にあることは、すでにご承知のことであろう。エントロピー増大の法則と「時間の矢」の関係については、すでに多くの啓蒙書が述べていることである。それゆえ、ごく一般的な話については、それらの本にまかせることとして、本書では前述したような目的に向かって一直線に進むことにする（とはいえ、エントロピーはエネルギーなどと違って、正しい理解がそう簡単ではないので、法則の適用には充分な注意が必要である）。

エントロピー増大の法則は、不可逆過程と密接に結び付いている。具体的な例で示すのがわかりやすいだろう。

（外界から孤立した）一つの部屋の真ん中に仕切りを設け、片方には気体A（肉眼で区別できるよう、赤い色を付けておく）を、もう一方には気体B（白い色にしておく）を入れておく。話を簡単にするため、気体Aと気体Bは混じり合っても化学反応を起こさないものとし、また両方の気体の温度や圧力は同じであるとしておく。

さて、部屋の仕切りを取り払うと、赤い気体Aと白い気体Bは自然に混じり合い、ピンク色になり始める。そうして、最終的にどこをとってもむらのないピンク色の混合気体となるであ

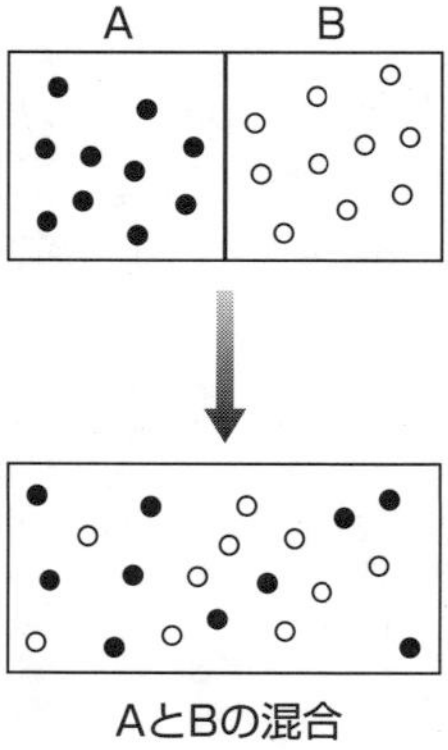

AとBの混合は不可逆である

ろう。

この一連の混じり合いは、きわめて自然な現象であり、放っておけば必ず起こることである。

しかし、この現象では時間反転はけっして起こらない。混じり合いの様子をビデオに撮影しておいて、これを逆回しにして見たとき、そこには、ピンク色の混合気体がひとりでに赤と白に分離されていくという、ありえない光景が映し出され、それを見た人は、逆回しだということにすぐ気が付く。

このような現象は、熱力学の言葉では不可逆過程と呼ばれるが、まさしく時間を遡れないという意味で、ここにわれわれは時間の向きを見るわけである。

それに対して、ビデオテープを逆回ししても違和感をまったく覚えないような現象が可逆過程であり、その場合には時間の向きを見ることができない。

たとえば、振り子時計をビデオに撮り、それを逆回ししたとする。このとき、時計の針は文字盤を逆向きに動くので、われわれはビデオが逆回しされていることにすぐ気が付くが、これは本質的なことではない。文字盤の配列を変え、さらに鏡に映したものを記録しておけば、われわれはまんまと騙《だま》されてしまう。

しかし、長時間にわたって注意深く観察すれば、こうした振り子や針の動きもまた、不可逆過程であることがわかる。つまり、電池などでエネルギーを補給しないかぎり、振り子は空気抵抗によって、歯車は摩擦によって減速し、やがて時計は止まってしまうからである。

惑星など星の運動は可逆であるように見えるが、それとても、隕石《いんせき》や宇宙の塵と衝突することにより、不可逆な熱エネルギーへと転換されていく。

すなわち、われわれの周りに存在するマクロな現象は、ことごとく不可逆であり、そこに時間の向きが現れるのである。

ふつう、われわれは時計の針の動きや太陽の動きを時間の経過だと思っているが、それは間違いである。時計の針が周期的に回転し、太陽が周期的に昇り沈んでいくだけの毎日であれば、そこに存在するのは円環的な時間であり、可逆な時間なのである。そうした周期的な日々歳月にもかかわらず、人が生まれ、そして死んでいくという逆行不可能な日々があるからこそ、われわれは時間が過去から未来へと一方的に流れていると信じるのである。

◊エントロピー増大の法則

エントロピーは以上のような不可逆過程を定量的に規定する物理量である。エントロピーの正確な定義にはここでは触れないが、直観的にはマクロな系の乱雑さを示す量だと思えばよい。

たとえば、あなたの書斎がきれいに整頓されている場合、そこには「秩序」がある。このときあなたの書斎のエントロピーは小さい。しかし、あれこれ仕事があって整理がおぼつかないと、書斎は乱雑になってくる。秩序がなくなってくる。エントロピーが増大しているのである。エントロピーを小さくするためには、整理整頓という大仕事をつぎ込まねばならない。それが面倒で放っておけば、乱雑さはますますひどくなる。つまり、エントロピーはますます増大する。これが、きわめて不正確であるが、もっともわかりやすいエントロピー増大の法則である。

気体Aと気体Bの混合の場合、混合前は赤と白がはっきり分かれているので「秩序」がある。すなわちエントロピーが小さい。しかし、混合後は、赤白が入り混じって乱雑になっている。すなわちエントロピーが大きい。この世の現象はすべて、エントロピーが小さい状態から大きい状態へと移行するのであって、その逆はない。つまり、エントロピーの大きさを比べることによって、どちらが時間的に前か後かが判別できるわけである。*

そういうわけで、エントロピー増大の法則は、まさに時間の向きそのものを表しているかに見えるのだが、それならば、エントロピー増大という自然法則が時間の向きを創り出しているのかといえば、誰しも直観的に「そうではない」と断言するだろう。

たとえば、気体Aと気体Bが、まったくムラなく完全に混じり合った状態（これを熱平衡状態という）では、エントロピーはもはや増大しない。つまり、これ以上の乱雑さはないわけで、エントロピーは最大値に達し、その値をそのまま取り続ける。しかし、このとき時間の経過が止まったとは、誰も考えないだろう。

エントロピーはけっして減少することはない（ただし、これは正確には「外部との熱のやり取りのない断熱系を放っておいたら」という条件付きである）。そういう意味で、エントロピ

＊ 日常目にする不可逆な現象は、直観的にはビデオの逆回転を想像することで充分である。なぜそこにエントロピーという、一見ペダンティックな概念をもち込むのか、いぶかしく思われる方もおられるだろう。しかし、そのことについては後に述べる事象の統計的な扱いの中で明らかにしよう。統計力学を使えば、エントロピーは純粋に数学の確率統計的な量として計算できるのである。

ー増大の向きは、過去から未来へという時間の向きに一致している。しかし、エントロピーが一定になった熱平衡状態においてさえ、時間は経過しているはずである。

つまり、時間の向きはエントロピーの法則とは別のところで創造されており、エントロピーはその時間の経過にしたがって増えるのだ、というのが妥当なところであろう。[*]

◇エントロピーの法則の「曖昧さ」

さて、エントロピーは物理的にきちんと定義された物理量であり、いささかの曖昧さもない概念なのだが、それでも納得しがたい不可解さは残るのである。時間の流れの謎に迫るためにも、そのことについてひと言、触れておきたい。

また気体の混合に戻る。しかし、今度は部屋の仕切りの右、左ともに、気体A（赤）だけを入れる。つまり、気体B（白）をそっくり気体Aに置き換えるのである（先ほどと同様、両側の気体の圧力、温度は同じという条件を付けておく）。そうして、仕切りを取り払って、両側の気体を混合させる。このとき、この系全体のエントロピーはどう変化するだろうか？

答は「変化しない」である。

なぜなら、混合前と混合後で、全体の乱雑さは同じだからである。

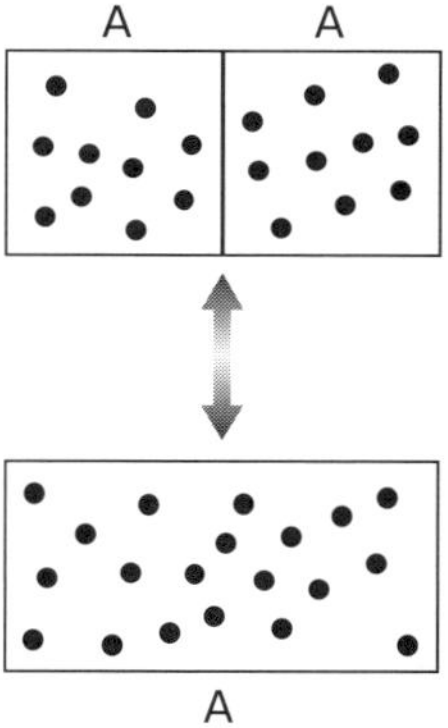

AとAの混合は可逆である

エントロピーで表現するよりも、ビデオの逆回しを想像した方がわかりやすい。最初、仕切りの両側には、同じ赤い気体が（熱平衡状態で）存在している。次に仕切りを取っても、赤い気体同士が混じるのだから、見ていると何の変化も起こらない。つまり、ビデオを逆回しされても、われわれはそれが逆回しだということに気づかないのである。これは、やがて止まる振り子時計のまやかしの可逆過程とは、本質的に異なることに注目して頂きたい。混合前に、両側の気体が、同じ圧力、同じ温度で、かつ熱平衡状態であるかぎり、混合後の様子は、時間反転してもまったく同じなのである。

しかし、そういわれても、釈然としないものが残るであろう。ここに、エントロピーという量の「曖昧さ」があるのである。

＊ しかし、それでもエントロピーは時間の向きや流れの創造と密接に関わっている。第六章で、そのことに言及することになるだろう。

◇赤玉と白玉の思考実験

後々のことも考えて、これからはもう少し単純化した思考実験を考えよう（単純化しているが、本質的なことは変わらない）。

気体Aと気体Bの代わりに、運動会で使う赤い玉と白い玉をもってくる。それもあまり数が多いと計算しにくいから、それぞれ一〇個ずつとしよう（これらの玉を原子だとすると、一〇個ずつではとてもマクロな系とはいえないので、あえて擬似マクロ世界と名付けておく）。

初め、部屋を二つに仕切って、左側に赤玉一〇個、右側に白玉一〇個を入れておく。赤白が完全に分けられ整理整頓されているので、この状態は秩序がある。いい替えれば、乱雑さがない。つまり、エントロピーが小さい。

次に、仕切りを取って、赤玉と白玉を適当に混ぜる。そうすると、乱雑さが増す。すなわち、エントロピーが増大する。

ただし、合計二〇個の玉では、どの状態が一番乱雑なのかをきちんと定めることはできない（これは、ひとえに二〇個というマクロとはいえない個数を選んだからである。一兆個くらいにすれば、もう少し確かなことがいえるであろう）。そこで、細かい話はやめにして、赤と白が少しでも混ざっていれば、それを乱雑と呼ぶことにしよう。

話をもっとわかりやすくするために、部屋の中に細長いテーブルを置いて、二〇個の小箱を一列に並べ、1番から20番まで番号を付ける。そして、最初、1番〜10番の小箱には赤玉、11番〜20番の小箱には白玉を入れ、この状態だけを「秩序ある状態」と呼ぶことにする。

このあと、混ぜ合わせ作業、すなわち、どれか二つの玉（赤でも白でもよい）を無作為に選び、それらを入れ替えるという操作をしよう。そのようにすれば、完全に同じではないが、二種類の気体の混合と基本的には同じ作業が、思考実験としておこなえるだろう。

赤玉と白玉の配列

さて、「秩序ある状態」から無作為に二つの玉を選ぶとき、それらが、「赤-赤」や「白-白」なら、状態は変わらない（秩序のあるまま）。しかし、それらが「赤-白」や「白-赤」であるなら、赤と白が入れ替わるから、無秩序な状態になるであろう。

無作為に選ぶのだから、どの玉を手に取るかはサイコロと同じで運まかせである。つまりは、確率の問題ということになる。

確率の勉強をするのが目的ではないから、計算結果だけを示しておこう（それもおおよその）。

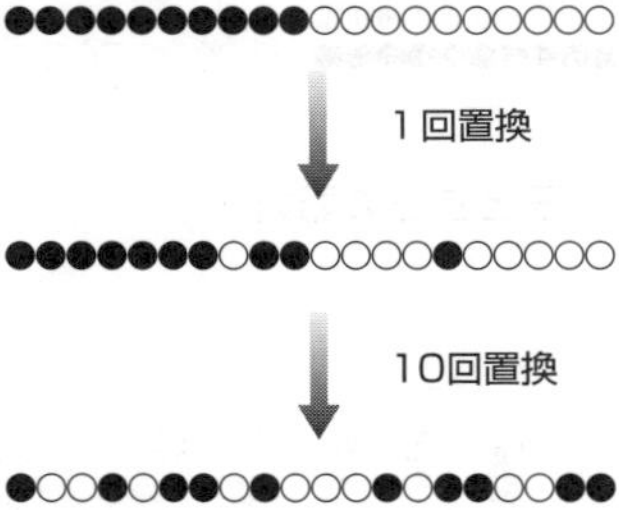

置換を10回 おこなって秩序が保たれていることは、ほとんどない

最初の一回の操作で、秩序が破られる確率はほぼ二分の一でしかない。しかし、この操作を一〇回続けると、それでも秩序が保たれている確率は、わずかに一〇〇〇分の一である。つまり、イカサマでもやらないかぎり、二〇個の玉を無作為に混ぜ合わせていくと、ほとんど間違いなく秩序は失われるということである。

なぜそういうことになるかというと、数ある順番の決め方のうち、1番〜10番までが赤、11番〜20番までが白という配列は、たった一つしかないからである。それに対して、そうでない配列はおよそ一〇万通りある。それゆえ、入れ替え作業を多数回おこなっていくと、もはや元の秩序ある状態に復帰することはほとんど不可能ということになるのである（それでも、宝くじに当たる確率よりは高い確率で元の秩序状態に戻る可能性はある。それは、たった二〇個というマクロではない個数の玉を扱っているからである）。それゆえ、この場合のエントロピーは、赤玉と白玉の並び方が何通りあるかということに対応している。つまり、秩序ある状態では、配列はひと通りしかないので、エントロピーは一であるとしよう（本来の定義通りではないが）。そうすると、無秩序のエントロピーは、約一〇万、すなわち、一〇の五乗であるので、このエントロピーは五である（なぜ、何乗の累の値を取るかは、ここでは問わないことにする）。つまり、無作為な玉の入れ替えをおこなっていくと、エントロピーは一から五へと増大する。こうして、エントロピー増大の法則は、系を無秩序に放っておくと、確率的に高い配列の方向へと進んでいく、という常識と一致するのである。

ここまでは、たいていの啓蒙書に書かれているエントロピーの説明と同じである。しかし、時間の向きや流れを追究するためには、われわれはここからもう一歩、進まねばならない。

◇白玉にペンキを塗れば

先に、気体の種類を同じにすると、エントロピーは変化しないということを述べた。これを、二〇個の赤玉白玉の擬似マクロ世界で考えてみよう。

われわれは、『不思議の国のアリス』で白バラに赤いペンキを塗る庭師のように、急遽《きゅうきょ》、白玉に赤いペンキを塗ることにする。そうすると、二〇個全部が赤玉になってしまう。そうして、まったく同じように順番の入れ替えをしてみるが、今度は全部が赤だから、結果は同じである。すなわち、エントロピーは一のまま変化しない。

「しかし、その中には偽物の赤玉があるのである、ペンキを剝げばわかることだ」と主張すべきなのだろうか。

実は、逆のことも考えることができる。赤玉、白玉のそれぞれに1から10の番号をふるのである。そうして、最初、赤玉を1、2、3……、白玉を1、2、3……と順序よく並べる。これは明らかに秩序がある。ところが、玉を入れ替えると、たとえ赤が一〇個、白が一〇個と並んでいても、その番号はでたらめになるだろう。このとき、最初の番号順に並べた状態に比べて、明らかに無秩序になっている。それゆえエントロピーは増えているといえるのではないだろうか。

以上の思考実験からいえることは、秩序か無秩序かという判断には、そこに人間の価値基準が入り込んでいるということである。

エントロピーは、しばしば情報量と関係付けられる。エントロピーが小さい状態は、情報量が多く、その逆は情報量が少ないという関係である。しかし、ある系に情報が多いか少ないかは、それを利用する人によって異なるはずである。それゆえ、情報量と対比して用いられるエントロピーは、結局のところ、人間の価値基準次第といえるのである（これに対して、熱力学におけるエントロピーは、その基準がきちんと決まっているので、客観的な物理量として活用

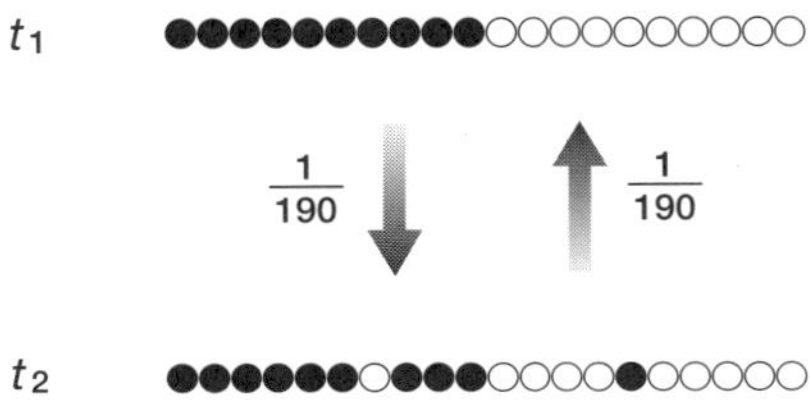

t_1からt_2へ移る確率も、t_2からt_1へ移る確率も、同じである

できる)。

さて、そんなわけであるから、エントロピー増大の法則を、時間の向きの源とするのは、ますますためらわれるわけである。

◇エントロピーの法則にもかかわらず時間反転は可能

第四章で、ミクロの世界には時間の流れはないということを見た。そのことと、エントロピー増大の法則の間に矛盾はないのかを調べてみよう。

たとえば、一〇個の赤玉と一〇個の白玉が並んでいる秩序状態から、赤玉と白玉が一個ずつ入れ替わった無秩序状態(かなり秩序には近いが)を考える。秩序状態からこの無秩序状態に移行する確率は一九〇分の一である。次に時間を逆転させて、この無秩序状態から、元の秩序状態に移行する確率はやはり一九〇分の一である。つまり、この二つの玉の入

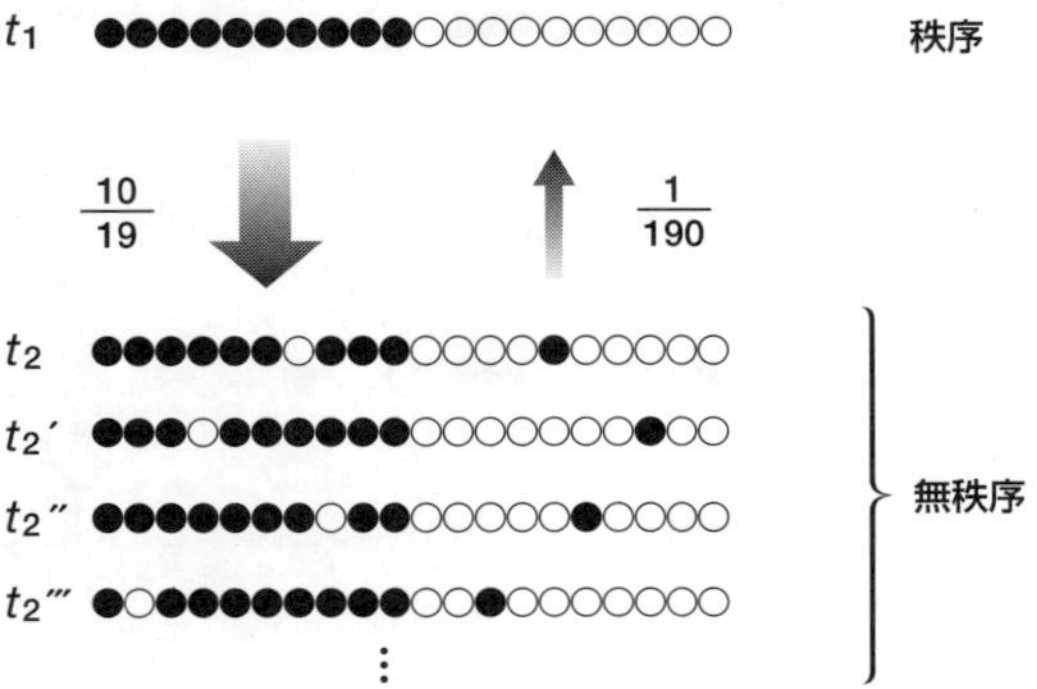

無秩序（t_2、t_2'、t_2''、t_2'''、……）はたくさんあるが、秩序（t_1）は一つしかない

れ替えは、時間反転に対して対称的である。一個一個の粒子の動きについて考えるのがミクロの立場だから、ミクロの世界に時間の向きがない以上、これは当然のことなのである。

一個一個の玉の動きを見れば時間対称なのに、どうして全体は秩序から無秩序へと進むのだろうか。それはすでに述べたことだが、秩序の配列の数は一であるのに対して、無秩序の配列の数はきわめて多数だからである。たとえば、秩序から無秩序へと変わる入れ替えのケースは、前ページの図や上の図の t_2 のケースだけではない。ほかにも、上の図の t_2' などのようにいくらでもある（一回だけの配置換えで、一〇〇通りある）。

それに対して、ある無秩序状態から秩序状

態への配置換えはひと通りしかない。

ということで、同じことの繰り返しになるが、われわれの生きているマクロな世界になぜ不可逆過程が存在するのかといえば、秩序ある状態の数と無秩序の状態の数を比べたときに、無秩序の数の方が圧倒的に多いため、その結果として、マクロな世界は秩序状態から無秩序状態へと移行するのである（移行するという言葉の中に、時間の向きを想起させるニュアンスがすでに含まれている。しかし、これについては後ですっきりした答が与えられるであろう）。

そこで結局、われわれが次になすべきことは、そもそも秩序・無秩序とは何なのか（先ほどは人間の価値基準というようなことを述べたが、これをもう少し具体的に指摘する必要がある）、そして、秩序というものがどのようにして作られるのか、という追究になるであろう。

ここまではおおむね、すでにさまざまな本で述べられていることである。第六章より、いよいよ本書の核心部分に入っていくことにしよう。

第六章　主観的時間の創造

◇再び赤白の擬似マクロ世界を考える

秩序・無秩序は、ミクロの世界にはない概念である。

ミクロの粒子の立場に立てば、気体Aと気体Bの混合か、気体A同士の混合か、ということは知ったことではない。次にぶつかってくる相手がどんな粒子で、どの方向からどんな速さでやってくるか、がすべてである（もっとも、量子論によれば、そのような方向や速さもまた実在ではないことになるが）。そして、そのようなミクロの世界には、時間の向きや流れはない。とすれば、時間の向きや流れは、やはりマクロな世界で生まれるはずで、かつ秩序・無秩序に関係しているのではないかと思われる。

再び思考実験で、赤玉・白玉の擬似マクロ世界を想定しよう。今度は、たくさんの白玉の配列の中に、赤玉が一〇個連続的に並んで配列されている状態を考える。赤玉には1から10までの番号をふり、それが順序よく並んでいるとすると、さらに「秩序」が高まる。白玉に赤いペンキを塗れば偽赤玉を作ることができるが、この擬似マクロ世界ではそのような騙しは通用しないものとしよう。また白玉には番号をふらないでおく。

現実世界での「秩序」とは何かということはさておき、この擬似マクロ世界における「秩

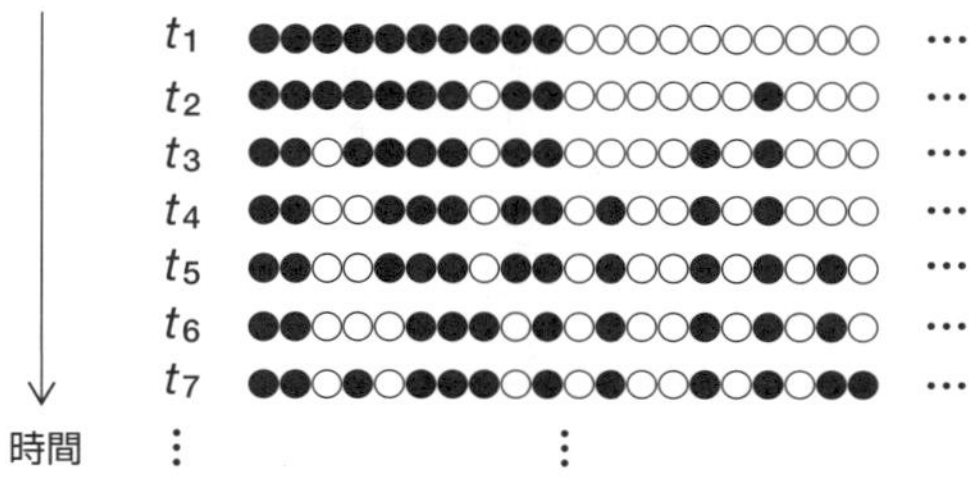

無作為の入れ替えで、秩序はまたたくまに無秩序へと向かう

序」は、左から右へ連続的に番号順に赤玉が並んでいる状態だとしよう。つまり、この一〇個連続の赤玉配列は秩序があり、高くきちんと積み上げた積み木が子供にとって価値があるように、擬似マクロ世界では価値あるものなのである。

さて、ここで赤・白区別せず、無作為に二つの玉を入れ替えていけばどういう結果になるかは、明らかである。

上の図のt_2からt_7はその一例にすぎないが、他の変化も（無秩序状態を十把ひと絡げにすれば）似たようなものである。すなわち、最初存在した価値ある配列は、またたくまに崩れ去っていく。

さて、こういう秩序から無秩序への移行において、われわれは暗黙のうちに時間の向きを導入している。つまり、ある状態から次の状態というときに、時間の後・先を考えているわけである。

しかし、ミクロの世界にはそういう時間の向きは存在しないのであるから、マクロの世界にもそういう時間の向きは存在しないと仮定してみよう。

つまり、時間はC系列であり、それは一覧表であると考えるのである。

すると、どういうことになるかというと、まさにその一覧表が前ページの図そのものである。というのも、この図は一枚の絵のようなものであり、そこには時間は存在しないからである。われわれはそれを、上から下に辿り、それを時間経過だと見なしているにすぎない。

◇時間の向きと流れの起源をどこに求めるべきか

ところで、われわれの宇宙は、このC系列で描かれた擬似マクロ世界とほぼ同じ構造であることを、第二章で見た（ただし、空間は虚、時間は実という相対論的C系列である）。

もしわれわれの宇宙がそのようなものだと仮定すると、具合のいいこともあり、また困難も同時に派生する。何をなすべきかをはっきりさせるために、それらを整理してみよう。

まず、具合のいいことは、これまでに知られている物理法則に、時間の向きや流れの原因を見つけなくてすむ。これはたいへんありがたいことである。というのも、現代物理学の根幹をなしている量子論と相対論のどこにも、これまで見てきたように、時間の向きや流れを暗示させる法則はないからである。相対論は、時間と空間を含めたミンコフスキー空間を、暗黙のうちに（相対論的）C系列だと見なしている。一方、量子論は、時間というもの自体が実在ではないと主張する（存在しないのだから、C系列でもない）。だから、相対論と量子論を認めるかぎり、実在とはいえないにしても、われわれ人間が理性でもって理解可能な存在として認識している時間は、（相対論的）C系列であるとするのがたいへん具合がいいのである。

では、困難は何か。それは時間の向きと流れの起源を、相対論や量子論以外のものに押し付けてしまったことである。つまり、われわれは相対論や量子論以外の考え方をもとに、時間の向きと流れの起源を求めなければならないということになる。

◇擬似マクロ世界の「絵」は対称的ではない

一〇九ページの図をもう一度、見て頂きたい。

図において、順序付けられた赤玉の連続的なつながりを秩序と見なすかぎり、図は上下に対称ではない。なぜなら、上の方には秩序があり、下の方には秩序がないのだから。これをエントロピーで表現すれば、図の上の方のエントロピーが小さく、下の方のエントロピーが大きい。明らかに対称ではない。

ところで、この図を下から上へ移行することは、できないのだろうか？

「いや、そんなことは不可能だ。実際、われわれの世界ではエントロピーが必ず増大するのだから。そして、たとえ秩序というものを認めるという条件付きであっても、確率の法則を無視することはできない。何かをしたとき、より確率の高いことが起こるのは、絶対的な法則である！」

しかし、である。

何百億年後のことかわからないが、われわれの宇宙は終焉《しゅうえん》を迎える。もし、永遠に続くのだとしたら、適当なところで区切ろう。あるいは、もっとあからさまにいえば、宇宙の始まりであるビッグバンから現在までと区切ってもよい。このように、われわれはすでに存在してしまった宇宙というものを想像することができる。想像しているのは今現在の自分であるが、理性的な判断として、そのような宇宙が客観的に存在したということは事実であろう。この経過してしまった宇宙は何なのであろう？　それが、われわれの主観が思い描く妄想でないかぎり、そこに存在する時間は、C系列の時間ではないだろうか。

もちろん、その宇宙ではマクロなさまざまな現象が因果関係をもって推移しているから、C系列というよりはB系列だという主張ももっともである。

しかし、そうした宇宙の「歴史」をB系列の時系列として見ること自体の中には、すでに時間の向きという概念が入り込んでいるのである。気体Aと気体Bが別々にある状態と、混合された状態を比べれば、別々にある状態の方が前であり、混合された状態の方が後である。それゆえ、それは一覧表であるC系列ではなく、時系列として並んだB系列だと。

しかし、われわれはあえてこの宇宙の「歴史」――ミンコフスキー空間に描かれた世界線の網――をC系列だと見なそう。そう仮定することによって不具合が起きることは何もない。問題が先送りされるだけである。

そうすると、われわれの宇宙は、一〇九ページの図の一覧表形式の擬似マクロ世界によく似たものとなる。

◇エントロピー減少の法則は非合理的ではない

先の図において、われわれが感じる時間は、上から下への方向をもつ。そして、それを時間軸と定めると、そこにB系列の時間が誕生する。

われわれの解くべき問題は、なぜ上から下へと時間軸を定めるのか、その原因となっているものは何かということである。

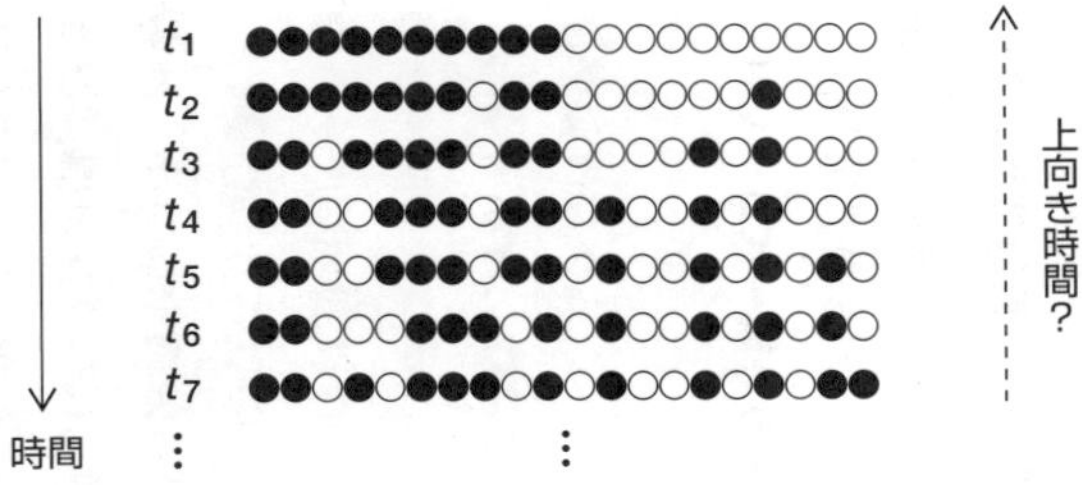

なぜ、下から上への時間の向きはないのか？

その原因を探るために、わざと下から上へ向かう時間軸というものを想定してみよう（つまり、われわれの感覚では時間が逆行する世界である）。今のところ、この擬似世界は単なる一覧表なのだから、「上から下へ」も「下から上へ」も、その関係は（対称ではないが）対等である。実際、素粒子の世界において、反粒子はこのような「体験」をしているのである。

この逆行世界では、もちろんわれわれの常識に反した奇妙なことが起こる。上の図でいえば、無秩序状態から**ひとりでに**秩序が生まれてくる。時間の経過とともに、エントロピーは減少していく。

このような世界は、ありえないのだろうか。

このような逆行世界で、既存の物理法則は成り立つのだろうか。

相対論と量子論には、もとより時間の向きはない（量子論には、「波束の収束」という、時間反転が不可能なやっかいな問題があるが、これについてここで述べることは本筋からはずれるので、付録2に補足しておいた)。

問題は、マクロの世界を扱うエントロピー増大の法則である。

ここで、発想の転換をしよう。逆行世界では、エントロピー減少の法則が成立するとするのである。つまり、無秩序状態は放っておくと、いつとは断言できないが、あるとき秩序を形成し始めるのである。

この世界では、「自然法則が、ひとりでに、秩序を生み出す」ことがある。逆に、「生み出された秩序が、ひとりでに無秩序になっていくことは、けっしてない」。

もちろん、このような法則は、われわれの経験とまったく逆である。経験上、ありえないことである。しかし、いっさいの経験を排除して、できるかぎり理性的に考えたときに、このようなエントロピー減少の法則に非論理的・非合理的なものが含まれているであろうか。

大抵の物理法則には、合理的な理由がある。たとえば、エネルギー保存則や運動量保存則は、もしこのような法則が成立しなければ、我々の宇宙そのものが存在しえない。それに対して、エントロピー減少の法則は、宇宙の存在を否定するものではない。

生命の存在は否定されるが、それ以外に、エントロピー減少の法則を論理的に否定する根拠は、何もないのである。ただ、われわれはあまりに時間の流れというものの中に埋没しているので、そのことがどうしても感覚的に認められないだけである。*

ここで悟ったようなことをいうが、われわれの宇宙（時空）がC系列であるとすれば、宇宙は**ただ存在する**だけである。そこには、空間的拡がりや時間的経過というものはない。第四章で、光子の立場に立てば、宇宙には時間も空間も存在しないということに触れた。時間も空間も存在しなければ、何ものも存在できないだろうと考えがちだが、そうではない。光子にとっては時間も空間も存在しないが、しかしそれでも光子は存在する。実在とは、時間や空間を超越した何かなのである。**

◇生命こそ秩序そのものである

さて、ここからは、いよいよ時間の向きや流れの起源という核心部分である。

再び、赤玉一〇個が並んだ擬似C系列世界に戻ろう。

われわれは赤玉が順序よく一〇個並んだものを、秩序と呼んだ。そうして、この赤玉の「群れ」に一種の「価値」を見出している。それが、エントロピー増大の法則によって崩れ去っていくのを見るのは、なんとなくしのびない感じがする。

われわれはなぜ、秩序に価値を見出すのであろう？　ミクロな素粒子たちにとっては、秩序も無秩序も意味のない言葉である。それでは、マクロな石ころにとってはどうだろう？　酸化や風化によって崩れていく自分を、しのびないと思うのだろうか。たぶん、そんなことはあるまい。石ころは、在るがままに存在するだけである。そもそも、石ころは他の世界から独立した何かではなく、世界の一部であるにすぎない。それを、一個の独立した石ころとして認識するのは、人間だけである。

われわれは、なぜ秩序に価値を見出すのか。その答は明らかである。

それはわれわれが生命だからである。生命こそは秩序そのものであり、秩序なくしては存在しえないものなのだから。

＊　確率の問題はすでに第五章で論じた通りである。玉の入れ替え一回一回について、それが生じる確率は、どちらの時間方向から見ても同じである。

＊＊　それは「モノ」ではなく、「情報」とか「関係」とか、そういうなんらかの「コト」なのかもしれない。しかし、実在は神に似たもので、それがこういうものかもしれないといったときには、おそらくそれは実在ではないのであろう。カントも言うように、われわれは真の実在「物自体」を認識することは、けっしてできないのである。

それゆえ、われわれはわれわれと似た秩序をもつものに価値を見出すのである。

しかもわれわれは、秩序を放っておくと乱雑さへと崩壊していくことを知っている。生命もその例外ではない。ちょっと油断をすると、エントロピー増大という自然法則にしたがって、われわれは乱雑さ——すなわち死へと向かってしまう。われわれは、生き続けていくために「努力」しなければならない。エントロピー増大の法則に逆らうのは、並大抵のことではないのである。

◇生命は自動機械ではなく「意思」をもつ

生命は、世界をデカルトの言うような合理的物質世界と見ているわけではない。物理学のような理性的世界観は、人間にしかないものであり、かつ人間にとっても二義的な派生物である。われわれはそれ以前に、一義的に、いかに生きるかという意思をもって、やがて来たる死の恐怖と闘って生きているのである。ハイデガーは『存在と時間』において、世界-内-存在としての現存在に関わるカテゴリーとして「道具」と「配慮」を登場させたが、前にも触れたように、それを生命レベルにまで突き詰めれば、外の世界にある獲物、敵、異性（ただし一般のバクテリアには性はない）という存在（＝道具）と、それへの働きかけ——食う、逃げる、交尾する（あるいは自己増殖する）、という行動（＝配慮）に尽きるであろう。

生命が生命であるかぎり、感覚器官などをもたない単細胞生物であっても、生きる「意思」をもっている。後でも述べるが、「意思」は進化の過程の中から生まれてきたものである。生命の行動には、なんらかのアルゴリズム（あらかじめ組み込まれた行動の手順）があるのかもしれない。しかし、それは機械として作られたロボットのアルゴリズムではなく、生きる「意思」によって創られたアルゴリズムなのである。生命は自動機械ではない。最初はそうであったかもしれないが、自然選択の圧力が、機械から自由意思をもつ存在へと、生命を進化させたのである。

そうして、時間の向きや流れもまた、この進化の過程の中から生まれたに違いないのである。*

＊　進化という考え方自体が、時間の向きや流れを前提としているから、本書の主張はトートロジーではないかと思われるかもしれない。しかしそうではない。進化という時間認識は、歴史と同様にB系列であり、われわれは宇宙における出来事（事象）の連なりを、B系列で見ることに慣れている。それゆえ、ここではそういう説明をしているのである。しかし、この後われわれは、A系列の時間の創造を、宇宙がC系列であることを前提にして導くことになるだろう。

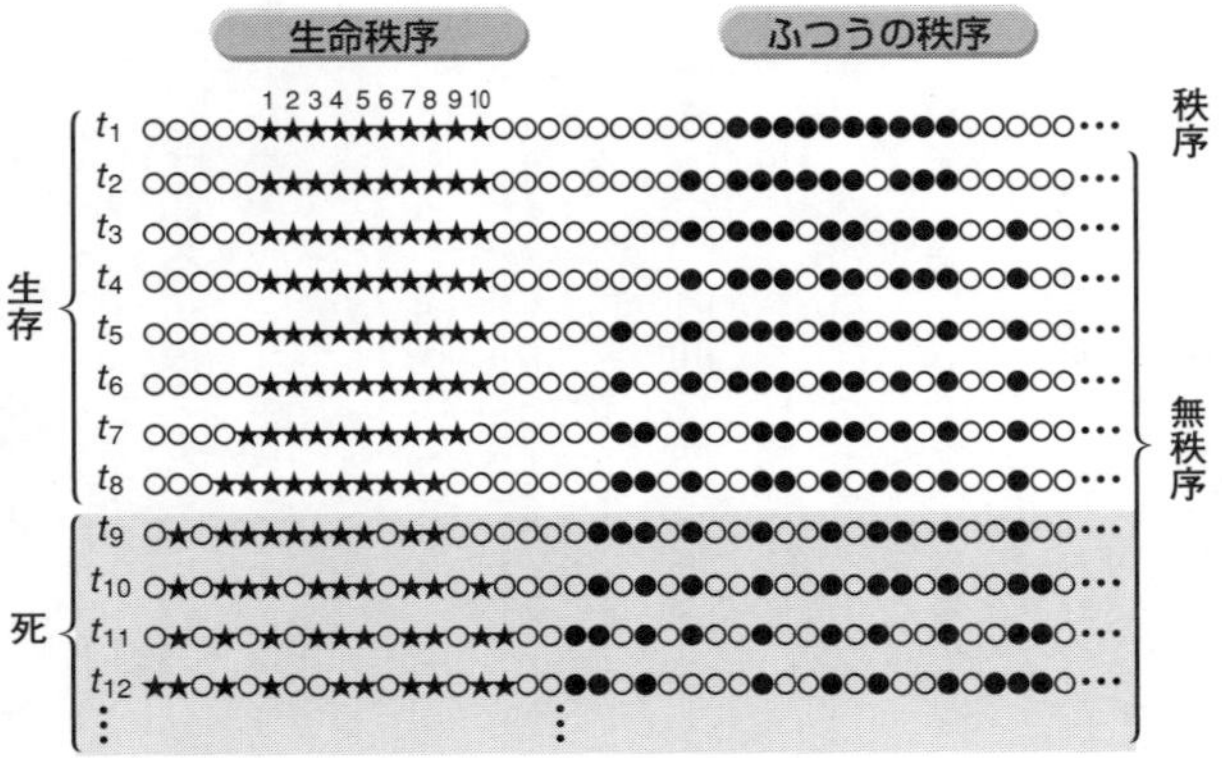

生命は「意思」によって秩序を持続させる。しかし、いつも無秩序の圧力がかかり、やがて死（無秩序）にいたる

◇生命秩序とふつうの秩序の違い

再び、擬似C系列の世界を見てみよう。今度はここに生命を登場させる。この擬似世界において、生命はどのように記述できるだろうか。

上の図のt_1において、赤玉一〇個は、これまで通りの秩序である。ただし、この秩序は生命に由来するものではないとする。そうすると、この赤玉はなんらかの原因（人間が人為的に作るとか、たまたま白玉世界とは孤立した場所にあったなどの、エントロピーの法則とは別の原因）で生まれたものであるが、その出自については問題にしないでおこう。

こうした秩序が白玉世界と関係をもつと、すでに何度も見てきたように、またたくまに乱雑さの中へと崩れていってしまう（前ページの図の上から下へ向かう時間軸から見れば）。

一方、生命を一〇個の連続した★で表す。さらにこの★には1から10までの番号をふっておく（これほどにしても、まだ本当の生命の秩序には及びはしないが）。この生命秩序は、白玉世界の中を移動しても構わないが、もし連続性が途切れたら――すなわち乱雑になれば、死ぬものとしよう（図のt_9以降）。こうなると、後は赤玉の秩序と同じ運命で、エントロピー増大の法則にしたがわねばならない。

ところで、赤玉秩序と生命秩序の違いは、秩序が持続するか否かというところにある。赤玉秩序は生じた瞬間から、すぐさま崩壊の運命にある。*（123ページ）

◇秩序維持の「意思」は進化の過程で生まれた

★の生命秩序は、無生物である赤玉秩序と違って、かなりの間、秩序を保ち続ける（図のt_1からt_8まで）。なぜそのようなことができるのかといえば、本来は無作為に起こる白玉との入れ替え「ゲーム」を、「意思」の力で「勝ち」にもっていくからである。

つまり、この入れ替え「ゲーム」において、★が白玉と入れ替わる場合の数は、★がそのまま残る場合（それは一つしかない）に比べて、圧倒的に多い。それゆえ、「意思」なくその入れ替えをやれば、きわめて高い確率で、秩序は崩れ去るのである。

生命は、それを避け、「意思」の力で★を連続した並び方のままに残そうとする。自然選択の圧力は、この「意思」による選択に長けた生命を生き延びさせるであろう。そうすると、最初は結晶や竜巻といった自然現象と同じ程度の、自然法則だけから生じる機械的な秩序維持能力であったものが、徐々にいわゆる生きる「意思」へと進化し、さらには、われわれを含めた動物のように、はっきりと自由意思をもった生命へと進化していくのは必然の流れではなかろうか。

もちろん、この宇宙に生命が誕生しなかった可能性もある。それは、エントロピー増大の法則に逆らって秩序を維持する機構が、「意思」へまでは進化しなかったことを意味する。しかし、現実のこの宇宙には、われわれ生命が存在するわけである。この生命の存在を合理的に説明する方法は（昔は神の存在や、物質以外の生命力などというものによって説明されていたわけだが）、現在では自然選択による進化という科学的方法しかないであろう。そして、実際、われわれは自由意思をもっているのだから、それは右に述べたような、生命秩序を維持する有効な手段として進化してきたに違いないのである。

◇ひとりでに秩序が生まれる世界に「意思」は生じえない

さて、ここで一二〇ページの図の擬似C系列世界に、下から上へ向かう時間軸を設定し、このような逆行世界では何が起こるかを見てみよう。

この時間逆行世界では、エントロピー減少の法則が成立し、無秩序はひ、と、り、で、に秩序へと向かう。「意思」ではなく、自然法則が勝手に秩序を生み出してくれるのである。先にも見たように、こういう世界は理論のうえでは成立する。それは、C系列世界をどちらの方向に走査《スキャン》す

＊　われわれの実世界には、無生物であるにもかかわらず、秩序を保ち続けるものがある。たとえば、結晶や竜巻などといったものである。つまり、生命にかぎらず、エントロピーの法則以外の自然法則によって、秩序を創り出すものはあるわけである。しかし、エントロピー増大の法則は、そうした秩序生成機構に比べてはるかに圧倒的な力を世界全体に対してふるうので、結局、最終的にはすべては無秩序に向かっていかざるをえない。生命は、自己増殖と自然選択という進化の原理によってエントロピー増大の法則に立ち向かうので、結晶や竜巻よりもより秩序性を維持できるのだが、それでもすべての生命は、最終的にはエントロピーの法則に負けて、死に向かうしかないのである。

t_2→t_1の上向き時間では、秩序はひとりでに維持される。しかし、t_1→t_2の下向き時間では、秩序は「意思」がなければ維持できない

るかという、世界の見方の違いにすぎないのである。繰り返しいうが、反粒子はこうして世界を逆行している*。

★の生命秩序に戻ろう。

生命秩序の近接した二つの時刻、$t=t_1$と$t=t_2$に着目する。

われわれはまだ時間の向きや流れが生じる原因を見つけていないのだから、t_1→t_2の方向を向いた時間（下向きの時間）とt_2→t_1の方向を向いた時間（上向きの時間）を、どちらも対等なものと考えよう（仮に、そのような時間の向きがありうるものとして）。

このt_1とt_2の近接時間において、★は秩序を保ったままで変化しない。これをt_2→t_1の上向き時間で説明すると、どうなるであろうか。

t_2→t_1という上向き時間においては、エントロピー減少の法則が成立するから、この変化はごく自然なことである。つまり、この上向き時間の世界では、ひとりでに秩序が持続する。

放っておいても、自然法則だけにしたがって、ひとりでに秩序が持続するような世界に、「意思」は生まれるであろうか？

生まれるはずはない。つまり、上向きを時間の向きだと自覚するような生命は存在するはずがないのである。念のために付け加えておくが、エントロピー減少が自然法則に反するから、そのような世界がないのではない！　そうではなく、エントロピー減少が成立する世界では、世界全体がひとりでに秩序に向かうから、そこには自然選択というような進化の圧力が働く必然性がまったくないということである。

◇エントロピー増大の外圧が主観的時間を創造する

一方、$t_1 \to t_2$という下向きの時間について考えてみよう。

＊　もっと極端にいえば、時間方向ではなく空間方向に走査する見方もあるかもしれない。実際、アインシュタイン方程式[★13]の解の中には、ブラックホールの内部で時間と空間が反転する世界が存在する。

この場合、★がもっている秩序は、エントロピー増大の法則に逆らって、秩序を維持しなければならない。考えうる多くの選択肢の中から、秩序維持というただ一つの解を選ばなければならない。先に述べたように、秩序維持の解を選ぶ確実な方法として、「意思」あるいは「自由意思」が進化してきたのである。

$t_1 \to t_2$の過程で、「意思」は何を感じるであろうか。

まず、エントロピー増大の法則による外の世界からの干渉がある。それは、★を白玉に代えろと迫ってくる（敵の襲来など）。この干渉、あるいは外圧は逃れる術《すべ》がない。意識するか否かにかかわらず、**すでに**あるものだからである。いい替えると**過去**である。

それに対して★がもっている秩序は、多くの白玉を排して、唯一の解である★を選ぼうとする。しかしそれは、エントロピー増大の法則に反することだから、そこには「強い努力」が必要である。この「強い努力」は「意思」以外の何ものでもない。こうして、単なる自己増殖機械にすぎなかった初期の生命は、やがて**本当に生きる**ことになるのである。そしてまた、「意思」が明確になれば（やがて来たる死はまぬがれえないものとしても）、当面、t_1からt_2に向けては、この生命は白玉か★かを選ぶ自由をもつわけである。つまり、「彼女」は自由に行動できる**未来**をもつのである。

すなわち、ここに**A系列の主観的時間が創造される。**

生命が時間性の中に生きるとは、そういう意味である。

客観的宇宙は、あくまでC系列である。$t_1 \to t_2$という刹那（といっても、ミクロの世界から見れば充分長い時間〈世界線〉であるが）においてのみ、時間は生起するのである。$t_2 \to t_1$の場合は時間は生起しない。なぜなら、そこには「意思」が存在する必要性・必然性がなく、それゆえ「動かせない過去」「自由になる未来」などというものが存在しえないからである。$t_2 \to t_1$の方向にC系列世界を辿ると、そこには生命を見出せない。見えるのは、ただ物質だけである。

◇逆行世界を想像する

逆行する主観的時間というものは存在しないのだから、それを想像することは意味のないことではあるが、あえてそのイメージを述べてみよう。

逆行する時間の「流れに乗った」とき、われわれが目の当たりにする光景は、単なるビデオの逆回転のようなものではないであろう。そこには生命は存在しない。存在するのは「反生命」である。

ホラー映画などでよくやる手法だが、突然、画面がポジからネガに転ずるという場面がある。ポジとネガの関係は、色彩が補色に変わるだけだから、そこに含まれる情報量はどちらも同じである。つまり、客観的に見れば、ネガの世界に住んでいてもふつうの生活は送れるはずである。それにもかかわらず、われわれはネガの世界を本能的に拒否する。それは、われわれが生きている世界ではない、いわば魑魅魍魎《ちみもうりょう》の棲むおぞましい世界と思うからである。

あるいは、われわれは人間の裸体に美しさを感じる。しかし、滑らかな皮膚の裏側には、臓器や血管やさまざまな細胞器官が張り巡らされ、そのおかげでわれわれは生きていられるのである。その裸体の裏側の真実が、何かの拍子に裏返しされて表に出てきたと想像してみよう。われわれは思わず目を背《そむ》けるであろう。真実でありながら、そこにはおぞましさがある。

もし逆行する時間を体験できたとすれば、右に述べたような感覚の何十倍ものおぞましさと奇怪さを感じることであろう。たった一つの粒子を観察するだけなら、さしたることはない。そこに見えるのは単なる反粒子である（これとても、奇妙な存在ではあるが）。しかし、マクロの世界、それも生命現象の裏返しを見たとき、そこに存在するものは、物理的には時間を逆行するだけの「反生命」であるにもかかわらず、われわれはその存在を本能的に受け入れないであろう。すなわち、それはポジとネガ、身体の裏返しのように、生きるという行為とはまるで逆の何かだからである。

第七章　時間の創造は宇宙の創造である

◇過去と未来は生命の「意思」によって生じる

前章の結論を、もう一度まとめておく。

この宇宙は、ただ存在するだけの相対論的C系列（一覧表）である。ミンコフスキー空間という時空に描かれた一枚の絵といってもよいだろう。

しかし、その絵は対称的ではない。走査《スキャン》する方向によって、エントロピーが増大したり、減少したりする。

生命とは秩序であり、かつ、その秩序を持続させる「意思」をもった存在である。

エントロピーが減少する方向では、秩序がひとりでに生じてくるから、そこに秩序を持続させる「意思」が生まれる進化論的圧力は働かない。すなわち、その方向に向かう「意思」「自由意思」、あるいは「意識」といったものが生じる必然性は何もない。

エントロピーが増大する方向では、放っておくと秩序が崩壊していくから、その秩序を維持するためには、なんらかの「秩序維持機構」、あるいは「努力」が必要である。

原初の生命は、結晶や竜巻と同じように、物質的な「秩序維持機構」によって誕生したものと思われる。しかし、秩序維持が上手な生命は、自然選択という進化の圧力によって生き残る可能性が高まるから、そこに「意思」が生まれるであろう。自動的に秩序を維持するよりも、「意識的に」秩序を維持する方が、はるかに効率的だからである。

「意思」をもった生命は、自分の秩序を壊そうとする外部の圧力を、どうしようもない変更不可能な**過去**として受け止める。しかし、その「意思」は外圧に逆らって秩序を維持する自由をもっている。すなわち、この自由こそが**未来**そのものである。

このようにして、主観的時間の流れ（A系列）が創造され、改変できない過去と自由に選択できる未来という時間性もまた生じたのである。

◇刹那刹那で創造される主観的時間

以上のことから、われわれが常識的にもっている時間概念は、まずA系列から生まれたことがわかるであろう。

それは、刹那刹那の「意思」が創り出すものなのである。

もちろん、ここでいう刹那とは、点状の測定できないような短い瞬間のことではない。すでに見てきたように、ミクロの世界では、時間さえが実在ではなくなる。そうではなく、生命個体が外部世界からの干渉を受けて、自らの行動を決断する、その刹那刹那ということで

主観的時間は、t_1→t_2、t_2→t_3……の刹那刹那で創造される

ある。[*]

再びC系列の擬似世界一覧表を描くなら、A系列の主観的時間は、ある決断の瞬間にだけ存在するものである。

上の図の中のt_1、t_2、t_3……は、空間的には同じ位置にあるが、時間的には別の位置にある。すなわち、時空の中における事象としては別々のものである。それゆえ、主観的時間は、t_1、t_2、t_3……それぞれの場所で別々に創造されているのである。A系列の主観的時間には**現在しかない**。その理由は、t_1→t_2の刹那に（主観的）時間が創造され、t_2→t_3の刹那に（主観的）時間が創造され……という具合に、時空の世界線上の各点各点で時間が創造されるからである。

◇B系列の時間は「記録」から生まれる

もし、この時間を創造している刹那刹那の「意思」が、より高度に、自分の意思決定を「記録」する手段をもったなら（そ

B系列時間は、刹那の「意思」の「記録」の中に生じてくる

うすると秩序維持がますます有利になるだろう)、次の刹那の「意思」は、その「記録」を参照して意思決定ができることになる。

それを模式的に描けば、上の図のようになる。

$t_2 \to t_3$での「意思」は、$t_1 \to t_2$での「意思」が決定したことを参照することができる。$t_3 \to t_4$での「意思」は、$t_1 \to t_2$、$t_2 \to t_3$での「意思」が決定したことを参照することができる。……

このようにして、$t_1 \to t_2$、$t_2 \to t_3$、$t_3 \to t_4$……とい

＊「刹那」はもちろん仏教用語であり、本書はまったく違う意味でその用語を拝借している。仏教の唯識論では、本書とは概念や考え方の基盤がまるで異なるけれども、刹那を基本にしたきわめて興味深い時間論が展開される（巻末の参考文献解説⑦参照）。

った一連の「意思」は、ちょうど川の流れのように、一つの流れとしてつながることになる。こうして、記憶を得た生命は、誕生から死へとつながる一連の自己という意識をもつようになるだろう(もっとも、人間と同じような明確な自己意識をもつものは、霊長類だけだといわれている)。

前ページの図は、われわれがなぜ過去を知っているかの仕組みを、はっきりと見せてくれる。たとえば、図でt_4→t_5での「意思」の「記録」(脳の記憶領域)には、t_1からt_4までの意思決定の記録が、順番に配列されている。われわれが過去を知っているというのは、いうまでもなく、直接過去を見ているのではない。t_4→t_5での「意思」の現在の「記録」の中にそれが読み取れるということである。未来が見通せないのは、明らかである。t_4→t_5での「意思」の「記録」の中には、t_4→t_5以降の「記録」がないのだから。

こうしてわれわれは、今現在の「意思」の中に過去の記録の配列を見る。この配列こそが、B系列の時間にほかならない。

われわれはカレンダーを作り、歴史年表を作る。そして、これらの表に、時間の向きや流れを意識する(カレンダーでは、未来のことまでも意識する)。そうしたB系列という時間の概念がどこで生まれたかといえば、刹那刹那の「意思」が「記録」を想起し、そのいわばレプリカとして、カレンダーなり年表を作成するからである。

われわれがこうして時間について考え、A系列、B系列、C系列などの時間を想起できるのも、その元をただせば、われわれが意識するとしないとにかかわらず、刹那刹那で時間を創造している「意思」とその「記録」のおかげなのである。

◇われわれは宇宙の創造に参画している

もちろん、人間にはさまざまな時間がある。寝ている時間、仕事をしている時間、風呂につかっている弛緩の時間、愛を語らっている時間、不安と恐怖の時間、音楽を聴いている時間、歴史的時間、文学的虚構の時間、未来のSF的時間……などなど。それらが入り混じった複雑な時間を、これまで述べてきたような単純な理屈で説明することなどできませんよ、といわれるかもしれない。もちろん、その通りである。本書で追究してきたのは、そのような時間についての説明ではない。

しかしそれにもかかわらず、われわれが生きている、その根底には、本書で述べてきたような宇宙の時空構造と、そこから生じた刹那刹那の「意思」が創造する時間が存在するのである。

実在とは何かは、われわれには不明のままである。しかし、われわれの理性（物理学）は、思考と実験の繰り返しの中から、この宇宙がミクロな様相はもちろん、マクロな様相においても、相対論的C系列の構造をもつことを見出してきた。C系列は一覧表であり、もっと比喩的にいえば一枚の絵である。宇宙は、ただそのように存在するだけである。

にもかかわらず、われわれ生命は、その絵の中に主観的時間を創造した。これはいってみれば、ただの絵の中に飛び込み、その刹那をこじあけ、そこに創造の自由を得ることである。われわれは、ささやかではあるが、未来の宇宙をどうするかの自由をもつ。すなわち、われわれは宇宙の創造に参画しているのである。これは驚異としかいいようがない。

宇宙はただ存在するC系列なのに、われわれにとってはまだその絵が完成していないように見えるのは、不思議ではない。われわれの「意思」は刹那にしか存在せず、しかもその刹那は誰とも共有できない、時空の一点の事象にすぎないからである。「意思」はその狭い刹那の時空に生きているのであり、そこには過去も未来も、他の空間も存在しない。

驚異なのは、そのような「意思」が誕生したことである。時間を創造し、そこに「生きる」という自由を得た存在が、現に存在することである。

それゆえ、われわれはこう断言できる。

時間の創造は宇宙の創造であり、われわれはそれに参画しているのだ――と。

付録

付録1　ミンコフスキー空間

われわれが直観的に思い描いている空間は、ユークリッド空間である。現実の空間は、縦・横・高さの三次元をもつが、高さを省略して地図のような二次元世界を考えれば、そこではお馴染みのピタゴラスの定理（三平方の定理）が成立する。

たとえば、地図上で、自分のいる地点Aから、東に四キロ、北に三キロの地点Bまでの直線距離をsとすると、それは、

$$s^2=3^2+4^2$$

から求まり、

$$s = 5\ \mathrm{km}$$

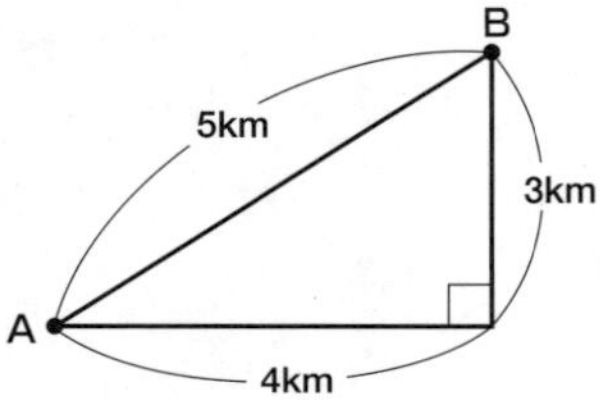

ピタゴラスの定理

となる。東西をx、南北をyで表し、かつその距離をdx、dyとおくと（こうした記号の付け方は、まったく便宜的なものである）、

$$ds^2 = dx^2 + dy^2$$

が成立する。*

右のピタゴラスの定理は、三次元以上の空間にも拡張できる。ここでは証明しないが、その拡張は比較的容易である。

そこで、x－y－zの三次元ユークリッド空間における距離dsは、

$$ds^2 = dx^2 + dy^2 + dz^2$$

＊　もっとも、厳密にはこの式は成立しない。というのも、地球は球形で、地図をまっすぐな平面で表すのは近似でしかないからである。しかし、ここでは曲がった空間については触れないことにする。

で表すことができる。

デカルトやニュートンは、こうした幾何学的関係が時間軸についても成立すると考えていた。それゆえ、空間と時間を合わせた四次元時空を考えれば、そこでの距離ds（これは、二つの事象間の距離だから、世界線の長さを表す）は、時間の長さをdtで表して、

$$ds^2 = dt^2 + dx^2 + dy^2 + dz^2$$

となるはずである。

しかし、この関係は成立しない。理論的に成立しないというのではなく、実際の観測ではこうならないのである。つまり、われわれが生きている時空は、ユークリッド空間ではないということである。

それでは、現実はどうなのか。観測や実験から証明されていることは、

$$ds^2 = dt^2 - dx^2 - dy^2 - dz^2$$

である（これは、どの観測者から見ても、真空中の光速が一定であるという仮定から、簡単に導くことができる）。時空の二点を結ぶ距離が、右のような形で与えられる空間を、数学ではミンコフスキー空間と呼ぶ。このような奇妙な幾何学は、昔からあったわけではなく、相対論の発見とともに生まれてきたのである。

右の関係式は、空間軸の距離を実数ではなく虚数（$i=\sqrt{-1}$）として、ピタゴラスの定理を適用すれば出てくる。すなわち、

$$ds^2=dt^2+(i\times dx)^2+(i\times dy)^2+(i\times dz)^2$$

である。

以上が、本文で空間は虚、時間は実としている根拠である。

この関係式を使って、光の世界線の距離を求めると、常に、

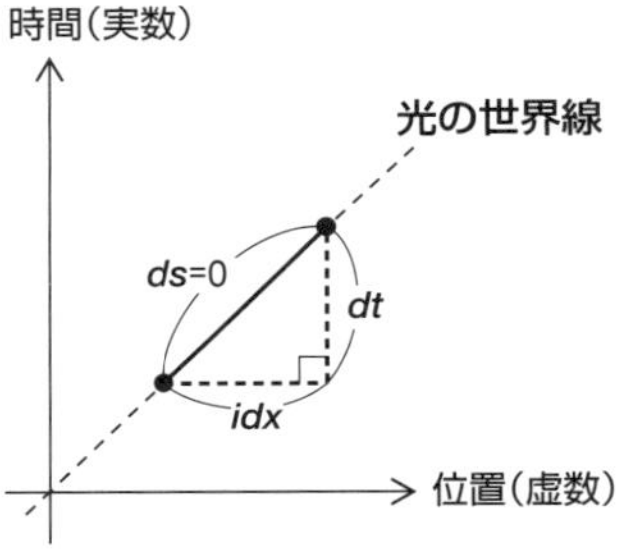

$$ds^2=dt^2+(i\times dx)^2$$
$$=dt^2-dx^2=0$$

$$ds^2 = 0$$

となる（光の世界線の傾きが四五度なので）。

つまり、この時空の光にとっては、距離というものがないのである。これが、光の立場に立てば、時間も空間も存在しないという根拠である。

付録2　波束の収束

量子世界を記述するシュレーディンガー方程式は、時間に対して対称的である。それゆえ、ある系が量子状態にとどまっているかぎり、そこには時間の向きは存在しない。しかし、いったん、観測という操作により、ある物理量が確定されると、そこに突然、時間の不可逆性が現れる。

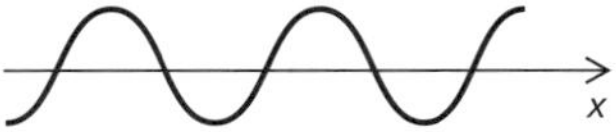

たとえば、ある一個の電子の波動関数が、上の図のようなきれいな形の正弦波であったとしよう。

このような波動関数は、自由空間における一個の電子についてのシュレーディンガー方程式の解として与えられる。[*] 直観的にいえば、この場合、この電子は図に描かれた通り、「粒子」ではなく「波」として存在している。つまり、電子が

＊ 正確にいえば、波動関数は複素数であり、その振幅の絶対値の二乗が、電子の存在の確率を示す。

存在しうる範囲は無限に拡がっており、その位置は確定できない。

ところが、蛍光スクリーンなり光電管カウンターなりを使って、この電子の位置を観測すると、必ず、どこか一点が光る。つまり、電子はその一点に一〇〇パーセントの確率で存在し、他の場所には存在しないのだから、観測がおこなわれた瞬間に、電子の波動関数（存在確率を示す波）は、上の図のようになるはずである。

つまり、一瞬にして、波動関数は前ページの図から上の図のように変化するわけで、これを「波束の収束」と呼ぶ*。

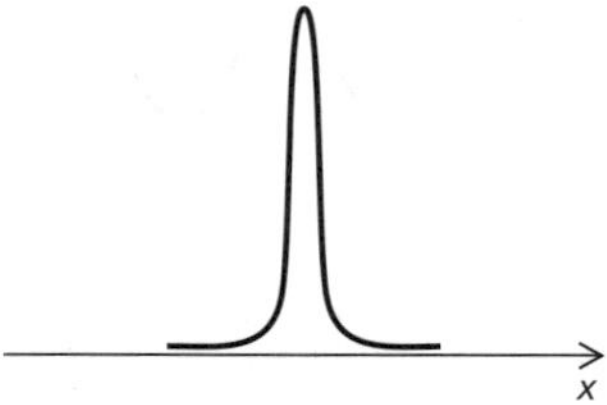

問題は、電子の位置を測定したときに、それがどこにあるかは確率的にしか予言できないということである。この二重の不可逆性――すなわち、波の形の突然の収束と、収束する位置の非決定性――の原因は何なのか。そこに、時間の向きがどう絡んでいるのか。間違いなくいえることは、波束の収束は明らかに時間対称ではないということである。
この問題については、物理学者の間でもさまざまな意見があり、未だ確たる答はない。というのも、いかなる仮説も、それを実験的に実証する方法が今のところないからである。
ぼくの意見を述べておけば、すでに本文で何度も触れたように、われわれが観測する物理量というものは、すべてマクロな世界でのみ測定できる量であるということである。

たとえば、電子のスピンや光の偏光といったものを考えてみよう。これらの物理量は、一個の電子、一個の光子がもつ特性であるから、ミクロな物理量であるかに見える。

しかし、電子のスピンや光子の偏光はどのように観測されるのかといえば、マクロな観測装置によってされるのである。

たとえば、電子のスピンは磁場をかけることによって区別することができるが、この磁場はマクロな磁石が作る磁場である。ミクロな原子が作る磁場と電子のスピンを相互作用させることはもちろん可能であるが、われわれはその結果を直接知ることはできない。

＊　理論的なことを補足しておけば、一四五ページの図と一四六ページの図の関係は、フーリエ変換という数学によって説明されるものである。一四五ページの図では、波長一定の波が全空間に拡がっている。物理的には、波長は運動量に関連しており、この電子は、運動量が一定であるため、不確定性原理によって、位置がまったく不確定な状態を表す。逆に、一四六ページの図では位置が確定しているが、このような収束した波束を作るためには、数学的には無数の波長の違う波を足し合わせなければならない。つまり、電子の位置を確定すると、運動量がまったく不確定になる。

光子の偏光は、偏光板を用いれば簡単に測定できるが、偏光板はマクロな原子の大集団である。

つまり、どのように工夫しようとも、最終的にわれわれが数量化できる測定値というものは、マクロな装置によってしか得られないのである。これが意味することは、われわれがスピンだとか偏光だとか、物理量と呼んでいるところのすべての量は、ミクロの系における実在ではないということである。

それゆえ、波束の収束や確率的にしか予言できない観測値というものの原因は、ひとえにミクロの系とマクロの系の相互作用の結果なのである。

ヤングの干渉実験と同じ仕組みの電子線の干渉装置を例にあげてみよう。

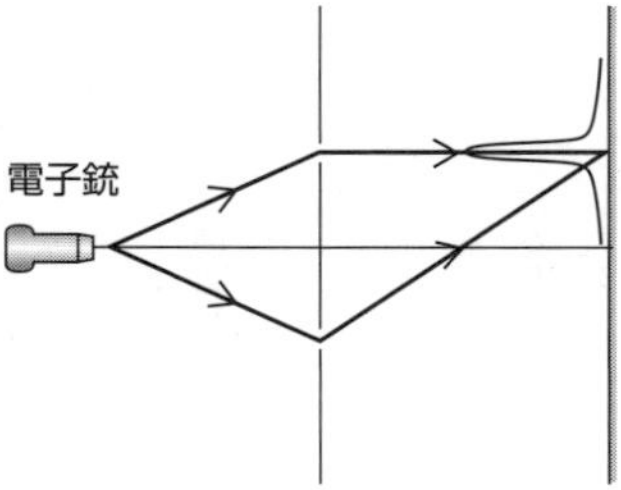

スリットを通過した一個の電子は、(確率にしたがって)蛍光スクリーンのどこか一点にやってくる。本文でも説明しているように、一個の電子が蛍光スクリーンに達する前には、電子はどこにあるかわからない(二つのスリットの両方を通過していると見なさねばならない)。
このとき、電子の波動関数は、まさに存在確率そのものの波として拡がっているわけである。
ところが、蛍光スクリーンを使っての位置の観測によって、電子の波動関数は一点に収束する。

しかも、その一点がどこであるかは、事前には確率的にしかわからない。

なぜこのようなことになるかを、順を追って調べてみよう。

まず、一個の電子は、厳密に区切ってみれば、蛍光スクリーンを構成する一個の原子と相互作用をする。このことによって、電子の波動関数は形を変えるが、それは可逆である。なぜなら、一個の電子と一個の原子からなる系は、シュレーディンガー方程式にしたがうはずであり、シュレーディンガー方程式は時間対称だからである。

この二つの粒子からなる量子系は、次の瞬間、もう一つの蛍光スクリーンの原子と相互作用をする（実際には、蛍光スクリーンの原子同士の相互作用が先にあり、それに一個の電子が衝突するということになるのであろうが、原理的には同じことである）。そうすると、今度は三つの粒子の量子系となり、電子はさらに波動関数の形を変える。しかし、やはり可逆である。こうして、電子は次々と原子と相互作用をし、それらの一つひとつは可逆ではあるが、その相互作用の回数が厖大になったとき、電子の波動関数はもはや元通りにできないような鋭い波束になってしまうわけである。

これは、基本的には熱力学的エントロピーの生成と同じ過程であるといえよう。一兆個をはるかに超える粒子からなるマクロの系では、エントロピー増大という不可逆過程が現れるが、元をただせばそれらはミクロの粒子同士の可逆な相互作用の積み重ねである。そこにさしたる矛盾がないことは、本文でも見た通りである。

量子系における波束の収束もまた、そういう意味での不可逆なのであって、それは量子論そのものの不備ではない（というのがぼくの考えである。しかし、これにはさまざまな意見があることは、前述した通りである）。

付録3　多次元並行宇宙

量子論は、シュレーディンガー方程式の解として確率波を提示するだけで、現実の観測値がいくらになるかについては何も予言しない。たとえば、まったくランダムな状態にある電子のスピンは、プラスと観測される確率が五〇パーセント、マイナスと観測される確率が五〇パーセントである。しかし、ある電子のスピンを一回だけ観測すると、それはプラスかマイナスかのどちらかに確定する。たとえばプラスと観測されたとしよう。そうするとここに、なぜプラスでありマイナスではないのか、という謎が生まれる。いったい誰がこの観測値を決定するのであろう？　現在の量子論ではそれを説明することはできない。

このような量子論の「不備」を説明する方法の一つに、多次元並行宇宙という仮説が流行っている。この並行宇宙仮説では、電子のスピンがマイナスと観測される宇宙も存在するとするのである。たまたま、われわれはスピンがプラスの宇宙に属したので、そういう結果しか知らないが、スピンがマイナスの別宇宙が存在するとすれば、量子論の「不備」は解消される。

こうして、本来さまざまな確定値を取りうる可能性をもっている現象が、現実にある確定値を取るたびに、他の可能性を実現させた宇宙が同時にたくさん生まれているというのである。この仮説によれば、あなたは宝くじを買っても、ほとんど当たったことがないかもしれないが、実は一億円を当てたあなたや五〇〇〇万円を当てたあなたが、別宇宙に存在することになる。その代わり、あなたは今元気に生きているが、あやうく交通事故で死にそうになった経験があるとすれば、どこかの宇宙では、あなたはその事故で死んでいるのである。

この仮説を検証する方法は今のところない。なにしろ別宇宙の存在を確かめる方法などないからである。ただ、本来確率で与えられているものが、なぜ特定の確定値しか実現しないのかという問題を解決できて便利なわけである。

ぼくの意見では、並行宇宙は存在しない。その理由は、本文で展開した時間の創造の仕組みに関係している。

ひと言でいえば、並行宇宙が存在するとしたら、そのような宇宙では「意思」が進化するための自然選択の圧力がなくなるからである。確率的に可能なあらゆる事柄が、実際に起こるのだとすれば、そこには秩序を維持するために未来を決定するという「意思」が生まれるはずはない。

仮に百歩譲って、並行宇宙が存在したとしても、われわれが生きているこの唯一に見える宇宙以外の宇宙には、生命は存在せず、それゆえ時間の向きや流れもないと思われる。ただのC系列一覧表宇宙であろうということである。

それでは、量子論の「不備」をどう説明すればよいのか。

ぼくの単純素朴な見解であるが（単純ゆえに強力だと思うのだが）、繰り返し述べているように、観測されるあらゆる物理量は、マクロの世界にしか存在しないものだということである。量子論は、確率波しか提示しない。なぜなら、それが（実在とはいえないにしても）この宇宙の本質的存在だからである。

ここに完全無欠のサイコロがあるとしよう。このサイコロを振ったとき、どの目が出るかの確率は、それぞれ六分の一で確定している。このことが、このサイコロの本質である（もしサイコロがミクロの存在だとしたら、サイコロの属性にはその確率しか存在しない）。サイコロを振るという行為は、サイコロとマクロな物質（人の手とか空気の状態とか転がる場所の状態など）の相互作用で決定される。ニュートン力学が正しければ、これらのマクロな物質の初期状態が決められることによって、たとえ確率六分の一であっても、あるサイコロ振りの試行の瞬間にどの目が出るかを計算できる。しかし、実際にはカオス的な要素が絡んできて、試行の瞬間にどの目が出るかは決まっていないかもしれない。しかし、無数のマクロな原子との衝突の過程を通して、サイコロの目は一なら一と決定されていくのである。

この決定の過程に、量子論は関与していない。それゆえ、ある確定した目が出るという現象を説明できないことは量子論の「不備」ではないのである。

結局、測定される物理量がなぜそのような確定値になるかは、エントロピー生成と同じマクロな過程の問題ということになる。それゆえ、どの確定値を取るかは（確率という制約のもとではあるが）、「意思」によって左右される（「意思」もまたマクロな存在である）。いかさま賭博を考えればよい。いかさまがばれることがなければ、そうした「意思」をもった者が、当然のことながら勝ち進んでいくであろう。

蛇足ではあるが、並行宇宙では、いかさま賭博をする「意思」など存在しえないはずである。

付録4　タイムマシン

ＳＦ作家Ｈ・Ｇ・ウェルズの発明になるタイムマシンが、『フィジカル・レビュー・レターズ』★14の論文になるなどということは、ほとんど信じがたいことであるが、これもまた量子論と相対論がもたらした「非常識」ということになるだろう。

残念ながらぼくは、タイムマシン論争に意見を述べられるほどの見識をもち合わせていないが、本書で追究してきた考え方に沿って考えた場合、タイムマシンはどう理解されるべきかという点について、ごく直観的な「常識」を述べておこう。

われわれの宇宙の構造が相対論的Ｃ系列であるとすれば、あらゆる事象は「在るがままに在る」のだから、すでに存在した過去を改変するということはありえない。

もし、タイムマシンで過去に遡り、何か行動をしたらどうなるのか。Ｃ系列宇宙であるかぎり、その行動は時空の中に「絵」として存在しているのだから、それは「歴史的事実」として（人に知られているかどうかは無関係に）、現に存在している事象のはずである。つまり、「彼」はタイムマシンで未来から戻ってくるであろうということが、彼の未来の意思とは関わりなく、決定されているということになる。

しかし、タイムマシンで移動するものが人間であるなら、彼は「意思」をもっているのだから、そうした「運命」に逆らうことが可能なはずである。

たとえば、過去に遡り、自分が生まれる以前の親を殺したらどうなるのか。

自分が知っている「歴史」では、親は死ななかったのだから、このとき、自分は別の時空にいることは明らかである。これは付録3で述べた多次元並行宇宙とは、その派生の意味が違うから、そういう別時空の存在を論理的に否定することはできない。

このとき、親を殺した自分は消滅するのかといえば、そうではない。自分はある時空で親から生まれ、そして別の時空で（別の）親を殺しているのだから、自分の存在が脅かされることはない。

こうして、タイムマシンによる過去の改変は、別バージョン宇宙を構成するという、昔のSFによくあった「ありきたり」の解決法に落ち着くであろう。

少なくとも人間は、けっして同じ過去には戻れないということは、次のようにして示すこともできる。

特定の出来事（事象x）を起点と終点とする、次ページの図のような世界線のループを考えよう。話を混乱させないために、われわれは特定の座標系の上からすべての事柄を見ているとする。そうすると、事象xと同時刻の世界全体のエントロピーが決定される。世界線のループが（われわれのいる座標系から見て）未来に進んでいるとすれば、このとき世界全体のエントロピーは増大する。

しかし、ループはやがて事象xに戻ってくるから、この過去に遡るループ上では、世界全体のエントロピーは減少しなければならない。

つまり、この世界線のループのような行動（つまりタイムマシンによる過去への旅）をおこなうかぎり、われわれは必ずエントロピー減少の法則が成立する宇宙を経由しなければならない。

しかし本文で見た通り、エントロピー減少の法則が成立する宇宙には、「意思」は存在しえない。

つまり、われわれは、人間的時間感覚を保ったまま、時間を過去へは遡れないのである。

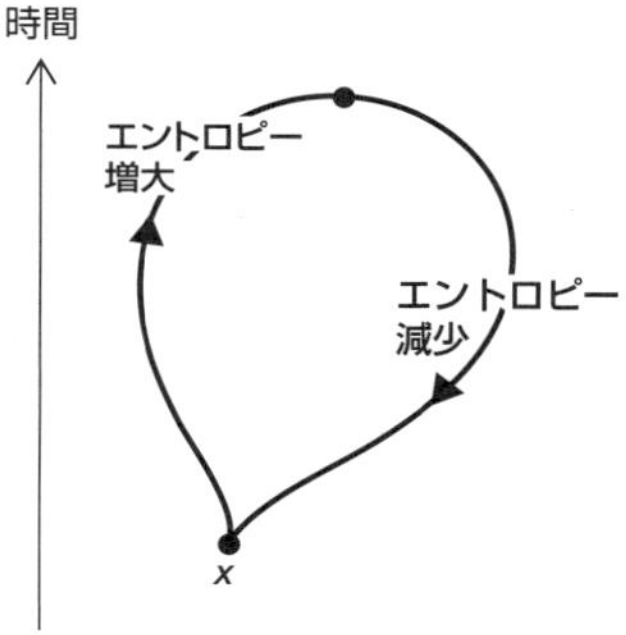

ループする世界線は必ずエントロピー減少の過程を経験する

「意思」のない物質であるなら、そういうことは可能かもしれない。それゆえ、タイムマシンが現実に可能であるとしても、それに同乗できるのは物質だけである。人間がそれに乗るということはたぶん死を意味するであろう。

物質だけが時間を過去へ遡れるとすれば、C系列宇宙を乱す（親殺しのような）矛盾が生じることはない。すべては「在るがままに在る」のである。

そして本文で繰り返し述べたように、過去へ遡っている物質はいくらでもあるのであって、われわれはそれらを反粒子として現実に観測しているのである。

いささかつまらないタイムマシン論議となったが、しかし、本書が追ってきた考え方に則るかぎり、以上の議論には何の矛盾もなく、整合性があるように思われる。

付録5　宇宙のエントロピー

時間論とは直接関係はないが、宇宙のエントロピーについての誤解を解いておきたい。

宇宙全体のエントロピーが増大していることは、熱力学の法則が保証していることであり、またわれわれの主観的時間感覚（A系列）がその方向に流れていることは、本文で見た通りである。*

（自分から見て）現在の宇宙に生命が存在するということは、現在の宇宙のエントロピーは、まだまだ小さいということである。なぜなら、生命は秩序であり、秩序がある状態はエントロピーが小さい状態だからである。

＊ ただし、宇宙全体のエントロピーを相対論的にどう定義するかは、難しい問題である。というのも、第二章で見たように、座標系を選ばないかぎり、同時刻は定義できないからである。ここでは、座標系の原点を自分に置き、ミンコフスキー空間の絶対過去と絶対未来の（円錐）領域に沿ってのエントロピーとでもしておこう。

ところで、時間とともにエントロピーが増大するのだとすれば、過去における宇宙のエントロピーは、現在のそれよりさらに小さかったはずである。

このことから、宇宙の初期、ビッグバンが起こった時点での宇宙のエントロピーは、きわめて小さかったはずである。

ここまでは、正しい。

問題は、なぜ宇宙初期にエントロピーがそんなに小さかったのか、その理由である。

本来、確率的にいえば、無作為に宇宙を作ったとすれば、そのエントロピーは最大になっている可能性が大である。二〇個の赤白の玉を適当に混ぜ合わせたとき、その結果、赤と白が完全に分離しているなどということは、めったにないであろう。

そこで、宇宙初期にはエントロピーを小さくするような特別のことがあったのではないかと想像される。ペンローズ[★15]は『皇帝の新しい心』において、そのような主旨のことを述べている。

しかし、話はもっと単純きわまりないことのように思える。

宇宙初期のエントロピーがきわめて小さかった理由は、ただ一つ、宇宙がきわめて小さかったからである。秩序があったからではない！

宇宙はきわめて小さな、そして完全な無秩序状態で始まったのである。

その後、宇宙に秩序をもたらした原因は、宇宙の膨張以外の何ものでもない。

宇宙は断熱系ではあるが、宇宙の外に存在するものは何もない（真空ですらない）から、単純な熱力学的取り扱いはできない。たとえば、実験室での気体の断熱膨張を考えたとき、それは外部に仕事をするか、それとも真空への膨張かのどちらかである。外部に仕事をするとき、系はエネルギーを失い、気体の温度は下がる。しかし、真空への膨張の場合には、エネルギーは失われないから、温度は一定のままである。

われわれの宇宙は、膨張によって温度を下げた。その理由を正しく記述することはそうたやすくないが、少なくとも、外部に仕事をしたのではないことは確かである（外部が存在しないのだから）。しかし、温度が下がった以上、エネルギーは失われたのであり、その行き場がどこかにあるはずである。一つには、それは重力のポテンシャル・エネルギーとなったのである。なぜなら、宇宙が膨張するということは、物質間の距離を拡げていることであり、それによって重力のポテンシャルはどんどん大きくなるからである。宇宙の膨張は、外部にではなく、内部に仕事をしたということになる。

さらに、最近いわれているように、宇宙が加速膨張しているのだとすれば（それに対応する斥力ポテンシャルは、重力とは逆の効果をもたらすことも考えられるが）、宇宙の膨張を加速させるために宇宙のもつ熱エネルギーが使われているということもあるかもしれない。

このように、宇宙の膨張は、単純な実験室での気体の膨張とは、まったく異質なものである。

しかし、それにもかかわらず、宇宙の膨張が秩序をもたらしたことは疑いようのないことである。

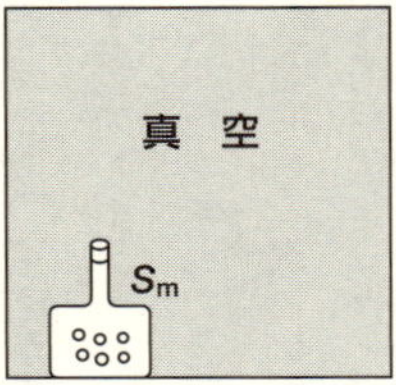

今、小さな容器の中に気体を閉じ込め、それを大きな部屋の片隅に置いておく。部屋の中は真空だとしておこう。
小さな容器の中の気体は（エントロピー増大の法則にしたがって）、熱平衡状態にある。つまり、この状態でエントロピーは最大値S_mに達している。
次になんらかの方法で、小さな容器から気体を解放し、部屋の中いっぱいに拡がらせる。もし、容器に穴を空けて真空中にそのまま膨張させると、温度が不変のまま、気体は部屋の中に拡散する。
細かい熱力学的議論は省略するが、このとき、部屋に拡散した気体のエントロピーは増大している（断熱的な不可逆過程だから、エントロピーは必ず増大するのである）。

そうではなく、断熱的ではあるが、ゆっくり容器自体を膨張させて（そのためには、気体は容器に仕事をする）、最終的に容器の大きさが部屋の大きさと同じになるまで膨張させれば、気体の温度は下がるが、この過程が完全に可逆であるなら、エントロピーは不変である（その理由も、熱力学的に明らかであるが、ここでは省略する）。

しかし、現実の変化として、可逆過程はありえないから、このような膨張をさせたときにも、系のエントロピーは実際には必ず増大する。

さて、もともとS_mという最大のエントロピーをもっていた気体が、なぜさらにエントロピーを増やしたのだろうか。

その理由は簡単で、原因はすべて気体の膨張にある。エントロピーとは、統計力学的にいえば、各原子が取りうる状態の数（の対数）に比例しているから、単純にいって、体積が増えればその分、取りうる状態の数は増える。その結果、取りうるエントロピーの最大値も大きくなるのである。

つまり、気体が部屋全体に拡がったときの、エントロピーの最大値をS_Mとすれば、常に、

$$S_M > S_m$$

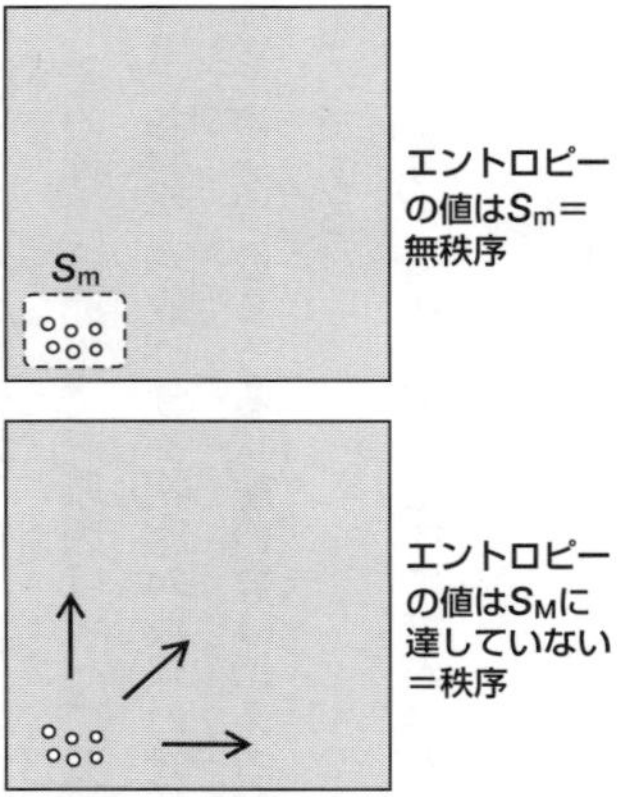
エントロピーの値はS_m＝無秩序
S_m
エントロピーの値はS_Mに達していない＝秩序

容器を取り去った瞬間、無秩序状態から秩序状態へと転化する

である。

ここに、秩序が生まれる余地が生じるのである。

われわれの宇宙の膨張のペースはきわめて速かったので、ビッグバン以降、宇宙が熱平衡状態に達したことは一度もない。つまり、宇宙のエントロピーは増大しているのだが、それにもまして膨張の結果として取りうるエントロピーの「最大値の増大」が大きいので、われわれの宇宙は、常に熱平衡とはほど遠い状態にあるのである。

このことを、もっともわかりやすい例で示せば、熱平衡状態にある気体の入った小さい容器の壁を、一瞬のうちに取り去った状態を想像すればよい。

容器を取り去った瞬間、気体は部屋の中にまだほとんど拡散していない。つまり、広大な部屋の中の一カ所に、気体は集まっている。これは、どう見ても熱平衡状態ではない。無作為に気体を部屋の中にちりばめたときに、そのような配置になる確率はきわめて稀であろう。すなわち、この状態は「秩序」である。

小さな容器に閉じ込められているときは、エントロピー最大、すなわち無秩序であったのに、その容器を取り払った瞬間、気体は何もしていないのに、エントロピーのきわめて小さな秩序へと転化するのである。

われわれの宇宙が現在もっている秩序は、このように単純なものではないが、それでも原理的には、これと同じことである。

もう一度、結論を述べておけば、宇宙の初期に秩序はなかった。秩序は、宇宙の膨張とともに生まれてきたのである。

参考文献解説

時間論に関連する本で、日本語で読めるものを、本書の趣旨との関連性を含めて、簡単に紹介しておく。

まずは、古今の名著から（ただし、すでに絶版になっている本もある。こうした名著が、日本語訳で読めないということは、きわめて残念であり、憂うべきことである）。

①アリストテレス著『自然学』（出隆・岩崎允胤訳、岩波書店「アリストテレス全集」3、一九六八年）

アリストテレスの自然認識においては、「運動」という概念が強調される。極言すれば、存在＝運動である。それに対して、時間は、運動がいくらあるかを数えることから測られるとするのである。

これは、現代流の生命進化の考え方から見て、きわめて妥当な考え方である。というのも、感覚器官は外界の運動を捉えるところから進化してきたのであり、人間以外のいかなる生命にも、時間概念はないように思われるからである。
運動を速度といい替えると、ニュートン力学では、

速度＝距離÷時間

と定義される。このとき、われわれ（物理学者）は暗黙のうちに、距離と時間が基本概念であって、速度はそこから導かれる派生的な量であると見なしている。しかし、これはデカルト以降に生まれてきた、人間理性を優先する思想であって、アリストテレスの考え方に見られるように、生命の直観ではまず運動（速度）が先にあるのである。そして、（特殊）相対論では、光の速度が唯一絶対的な量として復活する。

右の式において不変なものは（光の）速度であって、それを絶対不変に保つためには距離と時間が変化しなければならない。すなわち相対論は、距離や時間が運動（速度）に先立つ基本概念だとは見なさない。そういう意味で、アリストテレスの「運動」という概念は現代性をもっているといえるであろう。

②アウグスティヌス著『告白』（服部英次郎訳、岩波文庫、一九七六年）
古代ローマ末期の思想家、アウグスティヌスは、人生の途次において異教より回心した、敬《けい》虔《けん》にして情熱的なキリスト教神学者である。その人生の回想録である『告白』の中で、この聖人は時間の不可思議さについてかなりのページ数を割いて言及する。こと時間論についていえば、われわれは『告白』における単純素朴な議論から、さほどの進歩をしていないように思える。

結局アウグスティヌスは、時間に関するすべての疑問を、神によって解決する。時間を創造したのは神であり、神が存在しなければ、当然のことながら時間もまた存在しないのである。現代風にいえば、アウグスティヌスは時間をC系列だと見なしているのである。われわれは、神の概念をもち出さずに、物理学によって、時間はC系列だという仮設を認めた。そこには、さほどの違いはないのかもしれない。

「宇宙は在るがままに在る」という考え方は、神や物理学をもち出す以前の、われわれの思考回路に刷り込まれた、それこそア・プリオリなものなのだろう。

ただ、そういうC系列時間の中において、なぜわれわれは時間の向きや流れを感じるのかという、その点に関して、アウグスティヌスは結局、納得のいく答を見つけられなかったようである。

③カント著『純粋理性批判』(篠田英雄訳、岩波文庫、一九六一〜六二年)

カントの時間論の根底にあるのは、いうまでもなく、デカルトとニュートンの絶対空間・絶対時間の概念である。カントは、当時の最先端の科学的知見をもとに、独自の哲学を構築したのである。

カントは、空間を外的な直観の表象、時間を内的な直観の表象とし、それらは経験から得られるものではなく、人間の認識のア・プリオリな条件だとする。さらにカントの時空の概念には、無限にまっすぐに延びる空間と時間という座標概念が暗黙のうちにあるが、これは明らかにデカルトとニュートンの影響である。現代のわれわれ(物理学者)が、時空について語るとき、相対論を動かしがたい事実と仮定して話を進めるように、カントはニュートン力学を、人間理性が獲得した真理だと信じていたのである。

とはいえ、カントの哲学は、デカルトのそれよりなお深い。

カントは、空間と時間を、人間の認識にとってのア・プリオリな条件だとしたが、それを真の実在——物自体——だとは、言わなかった。人間理性には限界があり、実在そのものを認識することは不可能であるとした。すなわち、デカルトやニュートンにとっては、絶対空間・絶対時間は、人間抜きに存在するこの世界の真理であったが、カントにとってはそうではなかったのである。

相対論と量子論は、カントの考え方が正しかったことを証明している。本文で見てきた通り、現代物理学は、空間と時間は真の実在ではないことを強く示唆している。量子論は、人間理性が認識できるものとできないものの境界を、われわれに提示しているように思われる。

④ニーチェ著『ツァラトゥストラ』(手塚富雄訳、中央公論社「世界の名著」57『ニーチェ』、一九七八年)

ニーチェは、科学的思考で解説することは不可能な思想家であるが、それでも『ツァラトゥストラ』で語られる永劫回帰については、ひと言、触れておかねばならない。

ニーチェが永劫回帰の啓示を得たのは、一八八一年の夏である。

このひらめきには、オーストリアの物理学者ボルツマンが打ち立てた統計力学の原理が影響していることは、疑う余地がない。

一八五九年、イギリスの物理学者マクスウェルは気体分子の速度分布法則を導き、そこから熱現象が分子集団の乱雑な運動の統計的平均によって導かれることを示した。この気体分子運動論は、その後、ボルツマンによって強力に推し進められる。そうして、一八七二年、ボルツマンは、熱力学におけるエントロピー増大の法則が、分子の統計的法則で完全に記述されることを示すのである。いわゆるボルツマンのH定理である。

しかし、ボルツマンの考え方は、オーストリアの物理学者ロシュミットらにより批判にさらされることになる。すなわち、分子運動はニュートン力学によって完全に記述されるものであるから、熱力学的物理量は分子集団の統計的性質で示されるとしても、有限の空間に存在する有限の数の分子が、充分に長い時間、衝突を繰り返せば、必ず元の状態に戻るはずである。このときエントロピーもまた、元に戻るから、どこかでエントロピー減少の期間が生ずるはずである。それゆえ、H定理は間違っているというのである。

ニーチェの永劫回帰より後のことであるが、ボルツマンはこの論争に疲れ、自殺に追い込まれることになる。

永劫回帰という考え方の科学的根拠は、次のようなものである。いかに多数とはいえ分子の個数が有限であるかぎり、それらの分子が有限の空間の中をニュートン力学にしたがって動いているとすれば、有限の時間内に必ず同じ分子配列が再現される。それゆえ、今現在の宇宙

（それには人間の活動も含まれる）の状態は、はるか未来のことであろうが、そっくりそのまま繰り返されるはずである。よって人間の歴史もまた、未来永劫にわたって、無限に繰り返されるに違いない。ニーチェはそのように考えたのである。

いずれにしても、こうした当時の論争を、ニーチェがいち早く敏感に察知し、自らの思想に永劫回帰という支柱を得たことは、ニーチェが科学からほど遠い人であるだけに、驚くべきことである。

たとえば、現代の哲学者が、標準理論や超ひも理論★16といった現代物理学の最先端の知見を自らの哲学に取り入れるなどということが考えられようか（もっとも、現代物理学の理論は、哲学者のみならず、門外漢には理解しようのない、数学的記述に彩られているという事実は認めねばなるまい）。

さて、それでは永劫回帰は本当にあるのかといえば、これは机上の空論である。

われわれは、数学と物理学を厳密に区別せねばならない。質点（大きさをもたない点状の粒子）が、有限の空間を無作為に飛びまわって、全空間をくまなく経巡《へめぐ》れるかという議論は、数学的には可能であるが、物理的には意味のないことである。

そもそも、一つの粒子を、大きさのない質点と見なすことに間違いがある。本文や付録2の

「波束の収束」を読まれた方はお気づきのように、一つの粒子がある確定した点に存在するということは、無数の分子の集団との相互作用の中から現れてくるマクロな概念なのである。

エントロピーが増大する方向の世界において、永劫回帰によって秩序が現れるということは、ありえない。

秩序は、孤立した系同士が出会うところに生じるのである。さもなくば、生命がそれを生成するのである。

⑤ハイデガー著『存在と時間』(原佑・渡辺二郎訳、中央公論社「世界の名著」74『ハイデガー』、一九八〇年)
ハイデガーは科学的真理に価値を認めなかった人である。しかし、それにもかかわらず、興味深いことには、ハイデガーの哲学は、現代科学の理に適っているのである。

『存在と時間』は、まさにそのタイトルからわかるように、人間存在と時間との関わり(人間存在の意味は何か、そこから時間はどう立ち現れてくるのか)を述べた哲学書である。

ハイデガーは、一貫して、(精神的存在である自分が)存在するとはどういうことなのか、ということを問い続ける。そうして、デカルトの「我思うゆえに我あり」のような世界と独立した精神を否定し、「現存在」は世界の中にある、すなわち「世界‐内‐存在」であるということを、まず発見する。世界なくして、自分は存在しないのである。

そうして、そのような「世界‐内‐存在」である「現存在」の一義的な存在意義は、理性ではなく「配慮」であることを見出すのである。

これは、自分自身が理性的存在である前に、一個の生命であることを考えれば、当然のことのように思える。われわれが外の世界に対処する方法は、コンピュータが空間を計測し、それを分割し、微分的に解析する方法と、まったく異なっている。われわれは、自分にとって価値(プラスであれ、マイナスであれ)ある存在を認識し、それに「配慮」をもって接するのである。

これを生命の段階で考えれば、本文でも述べたように、外界からの働きかけを感じ、それに対して決定を下し、外界へ反応するという過程にほかならない。

そして、それはまさに時間性の中でしか生じえないものである。

ハイデガーは、相対論のことをまったく知らずに(年代的には、知っていた可能性は充分あるが、理解していたとは思えない)、相対論が示す、絶対過去・絶対未来の構図を発見していたともいえるであろう。

もっとも、こうした記述は、単に科学にハイデガー哲学を借用しているにすぎない。

本書が求めたものは、時間がどこで生まれたかについての、科学的に納得のいく説明である。それによって、心の平安を得るということが少しはあるかもしれないが、本質は知的好奇心の満足である。

ハイデガーにとっては、そのようなことのために自らの哲学を利用されることは、憤慨に堪えぬことであろう。

⑥ベルクソン著『創造的進化』（真方敬道訳、岩波文庫、一九七九年）

本文では、フランスの哲学者ベルクソンの哲学にまったく言及しなかった。

その理由は、必要性がなかったということに尽きる。少なくとも、本書を書く動機付けの中にベルクソンの時間論は含まれていなかった。

それにもかかわらず、本書の結論は、ベルクソンの創造的進化という思想を肯定することになり、いささかの戸惑いを覚えるのである。

ベルクソンの生命哲学が流行遅れの感を否めなくなったのは、イギリスの生物学者ドーキンスの生命生存機械説（利己的な遺伝子）の流行と呼応するものであろう。利己的な遺伝子とは、一つのパラダイムであり、ベルクソンのような古い生命観が、パラダイム・シフトによって退却したという見方もできよう。

もちろん、一九四一年に没したベルクソンはDNAの構造を知らなかった。彼が今日的な分子生物学を知ったとしたら、どのような反応を示したであろうか。

ベルクソンは、生命は機械ではないということを信じていた。機械に創造という行為はできない。創造的行為をする存在は、生命だけなのである。

ドーキンスに始まった新しいパラダイムは、あらゆる生命現象を分子機械の運動として説明する。そして、それは大きな成功を収めている。もはや、ベルクソンの時代の、生命には何か神秘的な要素が隠されているという議論は、中世の錬金術のような地位に落ちたのである。

しかし、それにもかかわらず、生命は機械などではないというのは厳然たる事実である。その証拠を見つけるのは、たやすい。自分自身の内面を見ればよいのである。自分がもつ喜怒哀楽、痛い、眩《まぶ》しい、うまい、臭いといった感覚は、機械がもつものだろうか。

断じて否である。

ベルクソンの間違いは、創造的進化に神のような目的を付したからである。生命進化に、目的などなかった。生命は自然選択の摂理で進化したまでである。

そういう意味では、機械論は正しい。しかし、目的なしに進化したにもかかわらず、生命は単なる分子機械から逸脱したのである。生命は、進化こそ自然選択にまかせるものの、個体としては創造的に行動するのである。

その秘密は何か。

それは、ひとえに三〇億年を超える時の重みである。科学では、一億年という歳月をこともなげに扱うが、一億年を実際に経験することは、神の恩寵《おんちょう》などを超える何かであるはずである。この長い歳月の間に、奇蹟が起こったと考えてもよいであろう。

機械的に秩序を維持する仕組みは、何億年もの歳月を経て、「意思」へと進化したのである。これが生命の起源であり、やがて時間の創造へとつながっていくわけである。

ベルクソンの生命哲学は、生命原理が形作られた方法こそ間違って捉えていたが、現に地球上にいる生命は創造する存在であるという意味で、未だ生きているといえよう。

⑦『二十詩篇の唯識論（唯識二十論）』（梶山雄一訳、中央公論社「世界の名著」2『大乗仏典』、一九七八年）

哲学は西洋の独壇場ではない。東洋の、とくに仏教思想にも、深い哲学的思索がある。その代表として、大乗仏教の一派が唱えた唯識論がある。

五世紀初め、インドの仏教学者であるヴァスバンドゥ[★17]は、唯識という考えを唱え、やがてその学派は唯識派と呼ばれるようになる。その代表的著作が『唯識二十論』である。

唯識論とは、その名の通り、唯物論でもなく唯心論でもなく、世界はすべて表象のみという哲学であり、現代流にいえば、世界はモノではなくコト（情報）で成立しているという説である。現在は情報化社会だとすれば、これはきわめて現代的な世界の捉え方である。

しかし、この書はおもに詩の形式を用いて書かれているため、その分析と解釈はなかなか素人の手におえるものではない。さいわい、現代人向けに書かれた日本人の手になる本が、かなり出版されている。たとえば、次の本などは入門書として適当であろう。

⑧竹村牧男著『唯識の構造』（春秋社、一九八五年）
唯識論は、この宇宙の構造を説くもので、ここではその詳細には触れないが、本書の内容との関連でいえば、この世界は八種の識（コト）が、刹那刹那において生まれ消滅しているという考え方が、きわめて興味深い。

ミクロの世界においては、われわれが物理量と見なしているものが、ことごとく実在ではなくなるのだとすれば、長い間、科学が信奉してきた唯物論は、その説の根拠を失うことになる。物質は、実在ではないということである（空間や時間が実在でないとすれば、なおさらのことであろう）。しかし、心が実在するというデカルト流の考え方もまた、それ以降の哲学ですでに否定されたことである。

仏教では、西洋の近代哲学が発展するずっと以前に、唯物論も唯心論も否定し、この世にはコトがあるのみだという、きわめて独創的な考え方が示されていたのである。しかも、唯一の存在であるコトは、刹那刹那において生まれ、消滅するもので、われわれが一個の実在として生きている、というのは一種の錯覚だというのである。

本書で述べた刹那刹那の「意思」によって生まれる時間は、まさにこの唯識論の立場に近いといえるかもしれない。しかし、「意思」は分子機械から進化した何もの（モノ）かであるが、唯識論では、これをさらにコトへと昇華してしまう。すなわち、外的世界と内的世界が相互作用する何かがすべてなのである。

色即是空　空即是色

この言葉は、西洋哲学をも凌駕《りょうが》する悟りの境地をそこに示している。

以下には、比較的入手しやすい日本語の文献をあげておこう（とはいえ、古い本にはやはり絶版になったものもある。残念なことだ）。

⑨入不二基義著『時間は実在するか』（講談社現代新書、二〇〇二年）

本書では、イギリスの哲学者マクタガートのA系列、B系列、C系列という時間分類を借用したが、それらを含めてマクタガートの時間論については、この文献が詳しい。マクタガートの論法は、科学を基本とする本書の考察とまったく別次元の論理的なものなので、ここでは紹介しないが、時間という不思議な概念を曖昧にせず、時間は実在しないと言い切った点で、マクタガートの功績は大きい。

マクタガートの「時間の非実在性」という論文は、一九〇八年、『マインド』という哲学雑誌に発表された。直接、関係はないかもしれないが、ウェルズの『タイムマシン』が刊行されてから一三年後のことである。

⑩滝浦静雄著『時間――その哲学的考察』（岩波新書、一九七六年）

時間論の入門書とでもいうべき「古典」である。

アリストテレスからマクタガート、さらには現象学的な時間論までを、初学者向けに平易に解説する。エントロピーなどの物理的時間の解説もあり、網羅的であるが、それゆえ時間とはこうなのだ、という著者の強い主張はあえて避けている。

細かいことではあるが、万有引力が、瞬間的に作用する遠隔力であるという間違った記述がある。哲学者が科学について書く場合には、こういうことはしばしばある。しかし、逆にぼくなどが哲学について書くことは、哲学者からはことごとく文句を言われるであろうから、そうしたことで書物の評価を決めてはならないだろう。

⑪渡辺慧著『時間の歴史――物理学を貫くもの』(東京図書、一九七三年)

⑫渡辺慧、渡辺ドロテア共著『時間と人間』(中央公論社、一九七九年)

渡辺慧は物理学者である。物理学者で時間そのものを研究している人は非常に珍しく、貴重な存在である。当然のことながら、この二冊は、科学的に書かれた時間論の本としては出色である。とくに、時間に対して非対称に見えるエントロピー増大の法則が、実は時間の方向を規定するものではないことを数式で証明している箇所は、大いに参考になる。

結局、時間はエントロピーの法則を超えた何かなのであるが、渡辺の議論はそこまでは踏み込まない。それは、物理学の視点による時間論の限界というよりは、節度ある抑制といった方がよいかもしれない。

以下、比較的入手しやすい本を、タイトルだけではあるが、列挙しておく。

・科学者によるもの

⑬ポール・デイヴィス著『時間について――アインシュタインが残した謎とパラドックス』（林一訳、早川書房、一九九七年）

⑭ピーター・コヴニー、ロジャー・ハイフィールド共著『時間の矢、生命の矢』（野本陽代訳、草思社、一九九五年）

⑮リチャード・モリス著『時間の矢』（荒井喬訳、地人書館、一九八七年）

⑯田崎秀一著『カオスから見た時間の矢――時間を逆にたどる自然現象はなぜ見られないか』（講談社ブルーバックス、二〇〇〇年）

⑰数理科学編集部編『時間論の諸パラダイム』（「別冊・数理科学」、サイエンス社、二〇〇四年）

・哲学者によるもの

⑱植村恒一郎著『時間の本性』（勁草書房、二〇〇二年）

⑲中山康雄著『時間論の構築』（勁草書房、二〇〇三年）

⑳大森荘蔵著『時間と存在』（青土社、一九九四年）

㉑大森荘蔵著『時は流れず』（青土社、一九九六年）

㉒中島義道著『「時間」を哲学する——過去はどこへ行ったのか』（講談社現代新書、一九九六年）

註

★1　当時、原子という概念はまったく仮想的なものでしかなかったが、ドルトンは化合物（たとえば水）が、原子の結合（水なら、水素原子と酸素原子の結合）によってできあがっているという考え方で、化学反応が合理的に説明できることを示した。

★2　アメリカの理論物理学者。相対論や量子論に関して、独自の哲学的考察を加えた。ブラックホールは、彼の命名である。

★3　実数は、その正負にかかわらず、二乗すると必ず正数になる（$-1\times-1=+1$ だから）。それに対して、二乗が必ず負数になる数を虚数という。その単位は、$i=\sqrt{-1}$ である。

★4　常識的には、われわれの住む空間は、直交する $x-y-z$ の座標軸で表せる。この座標軸の目盛はいうまでもなく実数である。このような空間を三次元ユークリッド空間という。さらに実数の時間軸 t を加えて、われわれの住む世界は（一見）、四次元ユークリッド空間と見なせる。しかし、相対論はこうした常識が間違っていることを明らかにした。実際には、われわれの住む世界は、虚数軸 $x-y-z$ と実数軸 t という構造をしている。このような時空を、数学的にはミンコフスキー空間と呼ぶ。

★5　原子核の周囲に存在する電子は、きっちり決まった跳び跳びのエネルギーしかもちえない。これをエネルギー準位という。エネルギーがもっとも低い準位を基底状態というが、実際には電子の二つのスピン（直観的には右回転、左回転のこと）に対応して、ほんのわずかにエネルギー値の違う二つの基底状態がある。

★6 プランク定数は、光子のエネルギーを表す比例定数として、ドイツの理論物理学者であるプランクによって導入されたが、その後、量子論におけるもっとも重要な定数であることがわかってきた。

★7 量子論では、互いに相補的な関係にある物理量を同時に確定した値として決めることが、原理的にできない。これを不確定性原理と呼び、ドイツの理論物理学者ハイゼンベルクによって提唱された。

★8 イギリスの物理学者。有名な光の干渉実験をおこない、光が波動であることを実証した。

★9 量子状態では、その系の物理量は確率的な波動関数としてしか存在しない。この状態がマクロな系まで適用されるとすると、毒薬の瓶の置かれた箱の中にいる猫は、観測されるまでは生と死の重ね合わせ状態にあり、その生死が決まらないということになる。量子力学の創始者の一人であるオーストリアの物理学者シュレーディンガーは、こうした思考実験によって、量子力学のもつ奇妙な性質を浮き彫りにした。

★10 イギリスの理論物理学者。「真空の海の中に生じた泡のような孔《あな》」という喩えで、反粒子の存在を予言した。

★11 ディラックの喩えで対消滅を説明しよう。電子が粒子で陽電子がその電子が抜け出た孔だとすると、電子と陽電子が出会えば、エネルギーが放出されて、真空だけが残ることになる。

★12 対消滅と逆の過程。真空の一点にエネルギーを加えれば、そこから粒子Bが飛び出し、残された孔が反粒子Bになる。

★13 一般相対論で導かれたこの宇宙の構造を記述する方程式。

★14 アメリカの著名な物理学の論文雑誌。

★15　イギリスの物理学・数学者。宇宙論に関する業績や、ペンローズ・タイルの考案者としても有名。

★16　いずれも現代の素粒子物理学で有力と見られている理論。しかし、一〇〇パーセント完成された理論ではない。

★17　四世紀末から五世紀にかけて、大乗仏教の一派である唯識派を発展させた人の一人。

あとがき

文系・理系という画一的な分類は好きではないが、世の常識に沿うならば、ぼくは理系人間である。そして、本書の内容もそのほとんどは物理学に関することだから、本書は科学啓蒙書ということになるのかもしれない。しかし、それは本意ではない。時間論にかぎったことではないが、ぼくの関心事は、(人間も含めた)自然現象そのものの中にあるのであって、科学は単なる手段だと思っている。現代という時代において、自分の疑問に明快に答を出してくれる学問が、たまたま物理学であったということである。

このような自然に対する関心のもち方は、科学ではなく哲学(の一種)ではないかとぼく自身は思うのだが、哲学を専門とする方々から見れば笑止なことかもしれない。

そういうわけで本書には、素人臭い(というか素人そのものの)哲学論議がところどころに挿入されている。その主意は、哲学者に論争を挑もうというような分不相応な考えではなく、現代科学が明らかにしている時間概念を取り入れた本格的な哲学的時間論を、どなたか書いて頂けないかという、アマチュアからのラブレターなのである。

とはいえ、本書の想定する主たる読者は、一般の人々である。この世には、時間の不可思議さを素朴な日常経験の中から感じ、それを明快に解き明かしてくれる本はないものかと切望する、一般の人々が大勢おられるのではなかろうか。本来、時間論というものはそういう人々のためにこそあるように思うのである。

そのような知的好奇心溢れる読者の方々に、類書にはない満足感を少しでも味わって頂ければ望外の悦びである。

そういう意味で、本書が、文系・理系という枠を超えた新書というスタイルで出版されることは、まことに嬉しいかぎりである。

本書の企画から出版に到るまで、綜合社の三好秀英さん、集英社の鯉沼広行さんにはひとかたならぬお世話になりました。厚く御礼を申し上げます。

二〇〇六年一一月

橋元淳一郎

図版制作／ユニオンプラン
編集協力／綜合社

橋元淳一郎（はしもと　じゅんいちろう）

一九四七年大阪生まれ。京都大学理学部物理学科卒業後、同大学院理学研究科修士課程修了。SF作家・相愛大学人文学部教授。日本SF作家クラブ会員・日本文藝家協会会員・ハードSF研究所所員。また予備校講師も務め、わかりやすい授業と参考書で、物理のハッシー君として受験生に絶大な人気を誇る。『カリスマ先生の物理』『カメレオンは大海を渡る』『シュレディンガーの猫は元気か』『われ思うゆえに思考実験あり』『図解 相対性理論が見る見るわかる』など著書多数。

時《じ》間《かん》はどこで生《う》まれるのか

集英社新書〇三七三G

二〇〇六年一二月一九日　第一刷発行
二〇〇七年一〇月二九日　第七刷発行

著者………橋《はし》元《もと》淳《じゅん》一《いち》郎《ろう》
発行者……大谷和之
発行所……株式会社集英社
東京都千代田区一ツ橋二-五-一〇　郵便番号一〇一-八〇五〇
電話　〇三-三二三〇-六三九一（編集部）
〇三-三二三〇-六三九三（販売部）
〇三-三二三〇-六〇八〇（読者係）

装幀………原　研哉
印刷所……凸版印刷株式会社
製本所……加藤製本株式会社

定価はカバーに表示してあります。

ISBN 4-08-720373-5　C0242

Printed in Japan

a pilot of wisdom

集英社新書　好評既刊

物理学と神
池内 了

神はサイコロ遊びをしないとアインシュタインは述べ、量子論の創始者ハイゼンベルグは、サイコロ遊びが好きな神を受け入れればよいと反論した。もともと近代科学は、自然を研究することを神の意図を理解し神の存在証明をするための作業と考えてきたが、時代を重ねるにつれ、皮肉にも神の不在を導き出すことになっていく。神の姿の変容という切り口から、自然観・宇宙像の現在までの変遷をたどる、刺激的でわかりやすい物理学入門。

ダーウィンの足跡を訪ねて
長谷川眞理子

進化の理論を確立し、進化生物学の基礎を築いたチャールズ・ダーウィンは、後世の学問に真の意味で巨大な影響を及ぼした数少ない科学者だ。彼はどのような思惟の果てに、画期的な理論を創出したのだろうか。著者は長い期間をかけて、ダーウィンが生まれ育った場所、行った場所など、それぞれの土地を実際に訪れた。ダーウィンゆかりの地をめぐる、出会いと知的発見の旅を通して、その思索と生涯、変わらぬ魅力が浮かび上がる。［カラー版］

寺田寅彦は忘れた頃にやって来る
松本 哉

寺田寅彦は、実験物理学者にして文筆家。「天災は忘れた頃にやって来る」という格言を吐き、一方で多数の科学エッセイを書いて大衆の心をつかんだ。身近な話題を通して、自然界のぞっとするような奥深さを見せつけてくれたのである。その鋭く豊かな着想の源泉を追う。

退屈の小さな哲学
ラース・スヴェンセン　鳥取絹子訳

人はなぜ退屈するのだろうか。どうして、自らの意思で退屈したり、また上手に退屈を乗り越えたりすることができないのだろう。現代人のほとんどが退屈や倦怠感の経験を持っているにもかかわらず、一部の哲学者をのぞいて、これまで真剣に考えられることは少なかった。本書は、広く一般人向けに、哲学、文学、アート、心理学、社会学などさまざまな分野の文献を参照しながら、退屈という身近で不思議な現象をしなやかに探究していく。